U0077510

博碩文化

運算思維程式講堂

暢銷回饋版

打好 C++ 基礎必修課

吳燦銘 著　ZCT 策劃

全書
範例程式
正確無誤
執行

精心
主題安排
漸近學習
課程

習題
難易適中
方便驗收
成果

APCS
試題精選
增強檢定
經驗

介紹
如何使用
VS Code
撰寫

博碩官網下載
書中範例程式碼

作　者：吳燦銘 著、ZCT 策劃
編　輯：魏聲圩

董 事 長：陳來勝
總 編 輯：陳錦輝

出　版：博碩文化股份有限公司
地　址：221 新北市汐止區新台五路一段 112 號 10 樓 A 棟
　　　　電話 (02) 2696-2869　傳真 (02) 2696-2867

發　行：博碩文化股份有限公司
郵撥帳號：17484299
戶　名：博碩文化股份有限公司
博碩網站：http://www.drmaster.com.tw
讀者服務信箱：dr26962869@gmail.com
訂購服務專線：(02) 2696-2869 分機 238、519
（週一至週五 09:30 ～ 12:00；13:30 ～ 17:00）

版　次：2024 年 2 月二版一刷

建議零售價：新台幣 560 元
I S B N：978-626-333-772-5
律師顧問：鳴權法律事務所 陳曉鳴 律師

本書如有破損或裝訂錯誤，請寄回本公司更換

國家圖書館出版品預行編目資料

運算思維程式講堂：打好 C++ 基礎必修課 / 吳燦
銘著 . -- 二版 . -- 新北市：博碩文化股份有限公
司 , 2024.02
　面；　公分

ISBN 978-626-333-772-5(平裝)

1.CST: C++(電腦程式語言)

312.32C　　　　　　　　　　　　　113001648

Printed in Taiwan

博碩粉絲團　歡迎團體訂購，另有優惠，請洽服務專線
(02) 2696-2869 分機 238、519

| PREFACE |

C 語言一直是多年來科技界相當受歡迎的程式語言，C++ 是以 C 語言作為基本的架構，再導入物件導向的觀念，而形成最初的 C++ 語言，因此 C++ 可以說是包含了整個 C，也就是說幾乎所有的 C 語言程式，只要微幅修改，甚至於完全不需要修改，便可正確執行。所以 C 語言程式在編譯器上是可以直接將副檔名 c 改為 cpp，即可編譯成 C++ 語言程式。

本書規劃了「C++ 程式設計的十堂入門必修課」的課程進度，精要說明了 C++ 語言相關的語法，非常適合作為高中職學校程式語言的教材或第一次學習 C++ 語言的入門學習者。各章習題包括了觀念及程式除錯的相關題目，可以協助每位學生或讀者，快速進入 C++ 語言程式設計的領域。本書程式除了以 DEV C++ 正確執行之外，附錄還整理了 C++ 的常用函數庫以及微軟提供免費的整合開發環境 Visual Studio Code（簡稱 VS Code），在附錄 B 將簡介如何利用 Visual Studio Code 來撰寫 C++ 程式。

同時，本書也納入了 APCS（Advanced Placement Computer Science）「大學程式設計先修檢測」的考試重點，這些重點包括：資料型態、常數與變數、全域及區域、流程控制、迴圈、函式、遞迴、陣列、自訂資料型態，也包括基礎演算法，例如：排序和搜尋等。各章中收錄歷年的程式設計觀念題，這些題目主要以運算思維、問題解決與程式設計概念測試為主，題型包括：程式運行追蹤、程式填空、程式除錯、程式效能分析及基礎觀念理解等，這樣的寫作方式的安排，是希望各位在學習 C++ 語言的同時，也能以這些 APCS 各年度考題來印證各章主題的學習成效。雖然本書校稿過程力求無誤，唯恐有疏漏，還望各位先進不吝指教！

目錄

| CONTENTS |

1 CHAPTER
C++ 程式設計的完美體驗

2 CHAPTER
認識資料處理與基本資料型態

3 CHAPTER
輕鬆玩轉運算子與運算式

4 CHAPTER

流程控制必修攻略

5 CHAPTER

陣列與字串速學筆記

6 CHAPTER
函數與演算法的關鍵技巧

7 CHAPTER
輕鬆搞定指標入門輕課程

8 CHAPTER
速學結構與自訂資料型態

9 CHAPTER
解析前置處理指令與巨集

10 CHAPTER
物件導向程式設計入門

A APPENDIX
C++ 的常用函數庫

B APPENDIX
用 Visual Studio Code 寫 C++

C++ 程式設計的
完美體驗

隨著資訊與網路科技的高速發展，在目前這個雲端運算（Cloud Computing）的時代，程式設計能力已被視為國力的象徵，連教育部都將撰寫程式列入國高中學生必修課程，寫程式不再是資訊相關科系的專業，而是全民的基本能力，唯有將「創意」經由「設計過程」與電腦結合，才能因應這個快速變遷的雲端世代。

雲端運算加速了全民程式設計時代的來臨

Tips

「雲端」其實就是泛指「網路」，因為工程師在網路架構圖中，習慣用雲朵來代表不同的網路。雲端運算就是將運算能力提供出來作為一種服務，只要使用者能透過網路登入遠端伺服器進行操作，就能使用運算資源。

1-1 程式設計與 C++ 語言

對於有志從事資訊專業領域的人員來說，程式設計是一門和電腦硬體與軟體息息相關的學科，也是近十幾年來蓬勃興起的一門新興科學。更深入來看，程式設計能力能夠培養孩子解決問題、分析、歸納、創新、勇於嘗試錯誤等能力，以及做好掌握未來數位時代的提前準備，讓寫程式不再是資訊相關科系的專業，而是全民的基本能力。

學好程式設計是全民的基本能力

1-1-1 認識 C++ 語言

「程式語言」是一種人類用來和電腦溝通的語言，也是用來指揮電腦運算或工作的指令集合，可以將操作者的思考邏輯和語言轉換成電腦能夠了解的語言。C++ 稱得上是一種歷史悠久的高階程式語言，也往往是現代初學者最先接觸的程式語言，對近代的程式設計領域有著非凡的貢獻。

人類必須透過程式語言與
電腦溝通，否則就如同雞同鴨講

程式語言本來就只是工具，從來都不是重點。沒有最好的程式語言，只有適不適合的程式語言。從程式語言的發展史來看，程式語言的種類還真不少，若包括實驗、教學或科學研究的用途，程式語言可能有上百種之多，不過每種語言都有其發展的背景及目的。

談到 C++ 語言，同樣也是源自於貝爾實驗室，當初其原創者 Bjarne Stroustrup 以 C 語言作為基本的架構，再導入物件導向的觀念，而形成最初的 C++，因此 C++ 可以說是包含了整個 C 語言，也就是說幾乎所有的 C 語言程式，只要微幅修改，或甚至完全不修改，便可正確執行。所以 C 語言程式在編譯器上是可以直接將副檔名 c 改為 cpp，即可編譯成 C++ 語言程式。

1-1-2 C 與 C++ 的關聯

C++ 是屬於一種編譯式語言，也就是使用編譯器（compiler）來將原始程式轉換為機器可讀取的可執行檔或目的程式，不過編譯器必須先把原始程式讀入主記憶體後才可以開始編譯。而翻譯後的目的程式可直接對應成機器碼，故可在電腦上直接執行，不需要每次執行都重新翻譯，執行速度自然較快。但原始程式每修改一次，就必須重新經過編譯器的編譯過程，才能保持其執行檔為最新的狀況。

或許各位心中會有疑問，是否在學習 C++ 前有必要先學會 C 語言？事實上，學習 C++ 並不需要任何 C 語言的基礎，甚至可以肯定的說，C++ 比 C 語言更為簡單易學，因為它改進

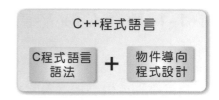

了 C 語言中一些容易混淆出錯的部份，並且提供了更實用與完整的物件導向設計功能。

物件導向程式設計主要是讓各位在進行程式設計時，能以一種接近生活化的思考觀點來撰寫出可讀性高的程式，並且讓所設計的程式碼也較容易擴充、修改及維護。嚴格說來，C++ 並不是一套絕對的物件導向語言，而 C++ 中所增加的物件導向功能，更適時的解決大型軟體開發時所面臨的困境，並能充份加強程式碼的擴充性與重用性。

1-1-3 物件導向程式設計

C++ 中最讓人津津樂道的創新功能，無疑就是「物件導向程式設計」，這也是程式設計領域的一大創新。在傳統程式設計的方法中，主要是以「結構化程式設計」為主，它的核心精神，就是「由上而下設計」與「模組化設計」，也就是將整個程式需求從上而下、由大到小逐步分解成較小的單元，或稱為「模組」（module）。每一個模組會個別完成特定功能，主程式則組合每個模組後，完成最後要求的功能。不過一旦主程式要求功能變動時，則可能許多模組內的資料與程式碼都需要同步變動，而這也是結構化程式設計無法有效使用程式碼的主因。

Tips

所謂「結構化程式設計」（Structured Programming）的特色，還包括三種流程控制結構：「循序結構」（Sequential structure）、「選擇結構」（Selection structure）以及「重複結構」（repetition structure）。也就是說，對於一個結構化設計程式，不管其程式結構如何複雜，皆可利用這三種流程控制結構來加以表達與陳述。

「物件導向程式設計」（Object-Oriented Programming, OOP）是近年來相當流行的一種新興程式設計理念。它主要讓程式設計師在設計程式時，能以一種生活化、可讀性更高的設計觀念來進行，並且所開發出來的程式也較容易擴充、修改及維護，以彌補「結構化程式設計」的不足，如 C++、Java 等語言。

物件導向程式設計的主要精神就是將存在於日常生活中舉目所見的物件（object）概念，應用在軟體設計的發展模式（software development model）。也就是說，OOP 讓各位從事程式設計時，能以一種更生活化、可讀性更高的設計觀念來進行，並且所開發出來的程式也較容易擴充、修改及維護。

現實生活中充滿了各種形形色色的物體，每個物體都可視為一種物件。我們可以透過物件的外部行為（behavior）運作及內部狀態（state）模式，來進行詳細地描述。行為代表此物件對外所顯示出來的運作方法，狀態則代表物件內部各種特徵的目前狀況。如右圖所示：

例如今天想要自己組一部電腦，而目前你人在宜蘭，因為零件之不足，你可能必須找遍宜蘭市所有的電腦零件公司，如果仍找不到，或許你必須到台北找尋你所需要的設備。也就是說，一切的工作必須一步一步按照自己的計劃分別到不同的公司去找尋你所需的零件。試想即使省了少許金錢成本，卻為時間成本付出相當大的代價。

但換個角度來說，假使不必理會貨源的取得，完全交給電腦公司全權負責，事情便會單純許多。你只需填好一份配備的清單，該電腦公司便會收集好所有的零件，寄往你所交待的地方，至於該電腦公司如何取得貨源，便不是我們所要關心的事。我們要強調的觀念便在於此，只要確立每一個單位是一個獨立的個體，該獨立個體有其特定之功能，而各項工作之完成，僅需在這些個別獨立的個體間作訊息（Message）交換即可。

　　物件導向設計的理念就是認定每一個物件是一個獨立的個體，而每個獨立個體有其特定之功能。對我們而言，無需去理解這些特定功能如何達成目標的過程，僅須將需求告訴這個獨立個體。如果此個體能獨立完成，便可直接將此任務，交付給發號命令者。物件導向程式設計的重點是強調程式的可讀性（Readability）重覆使用性（Reusability）與延伸性（Extension），除此之外本身還具備以下三種特性與相關專有名詞，說明如下：

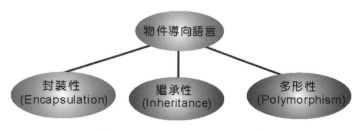

物件導向程式設計的三種特性

🪐 封裝

　　封裝（Encapsulation）是利用「類別」（class）來實作「抽象化資料型態」（ADT）。類別是一種用來具體描述物件狀態與行為的資料型態，也可以看成是一個模型或藍圖，按照這個模型或藍圖所生產出來的實體（Instance），就稱之為物件。

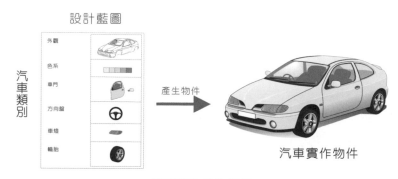

類別與物件的關係

所謂「抽象化」，就是將代表事物特徵的資料隱藏起來，並定義「方法」（Method）做為操作這些資料的介面，讓使用者只能接觸到這些方法，而無法直接使用資料，符合了「資訊隱藏」（Information Hiding）的意義，這種自訂的資料型態就稱為『抽象化資料型態』。相對於傳統程式設計理念，物件導向設計必須掌握所有的來龍去脈，但在時效性方面，便大大地打了折扣。

繼承

繼承性稱得上是物件導向語言中最強大的功能，因為它允許程式碼的重覆使用（Code Reusability），及表達了樹狀結構中父代與子代的遺傳現象。「繼承」（inheritance）即是類似現實生活中的遺傳，允許我們去定義一個新的類別來繼承既存的類別（class），進而使用或修改繼承而來的方法（method），並可在子類別中加入新的資料成員與函數成員。在繼承關係中，可以把它單純地視為一種複製（copy）的動作。換句話說當程式開發人員以繼承機制宣告新增類別時，它會先將所參照的原始類別內所有成員，完整地寫入新增類別之中。例如下面類別繼承關係圖所示：

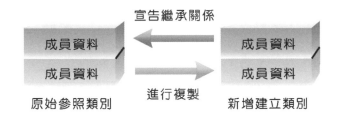

多形

多形（Polymorphism）也是物件導向設計的重要特性，可讓軟體在發展和維護時，達到充份的延伸性。多形（Polymorphism），按照英文字面解釋，就是一樣東西同時具有多種不同的型態。在物件導向程式語言中，多形的定義簡單來說是利用類別的繼承架構，先建立一個基礎類別物件。使用者可透過物件的轉型宣告，將此物件向下轉型為衍生類別物件，進而控制所有衍生類別的

「同名異式」成員方法。簡單的說，多形最直接的定義就是讓具有繼承關係的不同類別物件，可以呼叫相同名稱的成員函數，並產生不同的反應結果。

- **物件（Object）**：可以是抽象的概念或是一個具體的東西包括了「資料」（Data）以及其所相應的「運算」（Operations 或稱 Methods），它具有狀態（State）、行為（Behavior）與識別（Identity）。

  每一個物件（Object）均有其相應的屬性（Attributes）及屬性值（Attribute values）。例如有一個物件名為學生，「開學」是一個訊息，可傳送給這個物件。而學生有學號、姓名、出生年月日、住址、電話……等屬性，目前的屬性值便是其狀態。學生物件的運算行為則有註冊、選修、轉系、畢業等，學號則是學生物件的唯一識別編號（Object Identity, OID）。

- **類別（Class）**：是具有相同結構及行為的物件集合，是許多物件共同特徵的描述或物件的抽象化。例如小明與小華都屬於人這個類別，他們都有出生年月日、血型、身高、體重等類別屬性。類別中的一個物件有時就稱為該類別的一個實例（Instance）。

- **屬性（Attribute）**：「屬性」則是用來描述物件的基本特徵與其所屬的性質，例如：一個人的屬性可能會包括姓名、住址、年齡、出生年月日等。

- **方法（Method）**：「方法」則是物件導向資料庫系統裡物件的動作與行為，我們在此以人為例，不同的職業，其工作內容也就會有所不同，例如：學生的主要工作為讀書，而老師的主要工作則為教書。

1-2 我的第一個 C++ 程式

學習程式語言和學游泳一樣，直接跳下水體驗看看才是最好的方法。以筆者多年從事程式語言的教學經驗，對一個新語言初學者的心態來說，就是不要廢話太多，盡快讓他實際跑出一個程式最為重要，許多高手都是程式寫多了，對這個語言的掌控度就越來越厲害。

由於 C/C++ 語言相當受到各界的歡迎，市場上有許多廠商陸續開發許多 C/C++ 語言的「整合開發環境」（Integrated Development Environment, IDE），可將程式的編輯、編譯、執行與除錯等功能整合於同一操作環境下，如果各位是 C 語言的初學者，又想學好 C++ 語言，那麼免費的 Dev-C++ 肯定是一個不錯的選擇。

1-2-1 Dev-C++ 下載與安裝

原本的 Dev-C++ 已停止開發，改為發行非官方版，Owell Dev-C++ 是一個功能完整的程式撰寫整合開發環境和編譯器，也是屬於開放原始碼（open-source code），專為設計 C/C++ 語言所設計，在這個環境中能夠輕鬆撰寫、編輯、除錯和執行 C 語言的種種功能。這套免費且開放原始碼的 Orwell Dev-C++ 的下載網址如下：http://orwelldevcpp.blogspot.tw/。

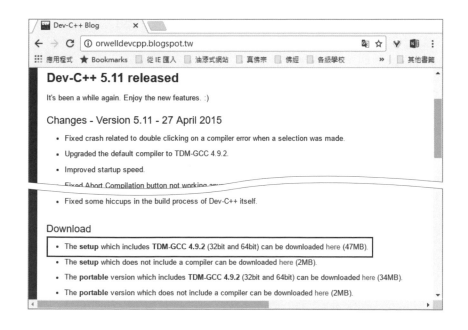

當各位下載「Dev-Cpp 5.11 TDM-GCC 4.9.2 Setup.exe」安裝程式完畢後，就可以在所下載的目錄用滑鼠左鍵按兩下這個安裝程式，就可以啟動安裝過程，首先會要求選擇語言，此處請先選擇「English」：

接著在下圖中按下「I Agree」鈕：

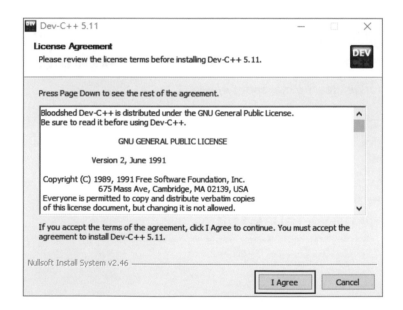

進入下圖視窗選擇要安裝的元件，請直接按下「Next」鈕：

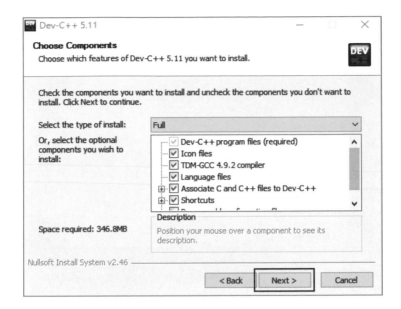

之後會被要求決定要安裝的目錄，其中「Browse」可以更換路徑，如果採用預設儲存路徑，請直接按下「Install」鈕。

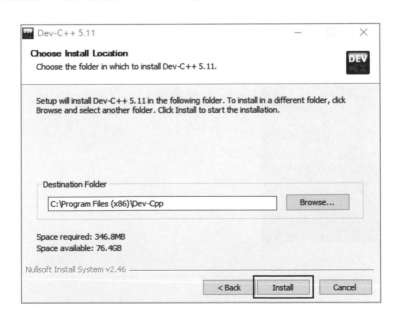

接著就會開始複製要安裝的檔案：

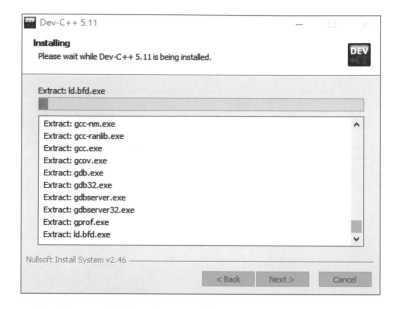

當您檢視到下圖的畫面時，就表示安裝成功。

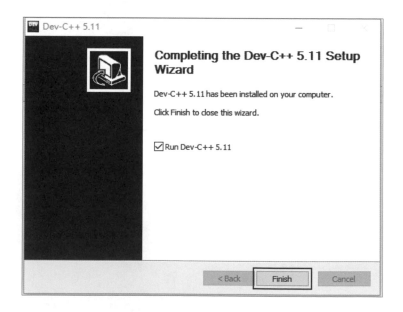

1-3 Dev C++ 工作環境簡介

安裝完畢後，請在 Windows 作業系統下的開始功能表中執行「Bloodshed Dev C++/Dev-C++」指令或直接用滑鼠點選桌面上的 Dev-C++ 捷徑，進入以主畫面。如果你的主畫面的介面是英文版，可以執行「Tools/Environment Options」指令，並於下圖中的「Language」設定為「Chinese（TW）」：

Environment Options	✕

General | Directories | External Programs | File Associations

☑ Default to C++ on new project
☐ Create backups when opening files
☐ Minimize on run
☐ Show toolbars in full screen
☑ Enable multiline tabs in editor
☑ Pause console programs after return
☐ Check file associations on startup

Recent file list length:
15 ⬍

Editor tab location:
Top

Language:
Chinese (TW)

Theme:
New Look

UI font:
Segoe UI | 9

Debug Variables Browser
☐ Watch variable under mouse

Project Auto Open
○ All files
○ Only first file
◉ Opened files at previous closing
○ None

Compilation Progress Window
☑ Show during compilation
☐ Auto close after compilation

✓ OK | ✕ Cancel | ? Help

更改完畢後，就會出現繁體中文的介面：

Tips

如果啟動 Dev-C++ 後出現下圖視窗，請直接按下「Yes」鈕即可。

Confirm   ×

驗證編譯器設定「TDM-GCC 4.8.1 64-bit Release」的時候發現以下問題：

以下「C 引入檔」的目錄不存在：
C:\Program Files (x86)\Dev-Cpp\MinGW64\lib\gcc\x86_64-w64-mingw32\4.8.1\include

以下「C++ 引入檔」的目錄不存在：
C:\Program Files (x86)\Dev-Cpp\MinGW64\lib\gcc\x86_64-w64-mingw32\4.8.1\include
C:\Program Files (x86)\Dev-Cpp\MinGW64\lib\gcc\x86_64-w64-mingw32\4.8.1\include\c++

您想要讓 Dev-C++ 移除它並把預設的路徑加到清單中嗎？

留下無效的路徑有可能會在編譯的時候造成問題。

除非您很清楚您正在做什麼，否則建議您選「是」。

Yes   No

功能表　　　　　　　　　　　　　　工具列

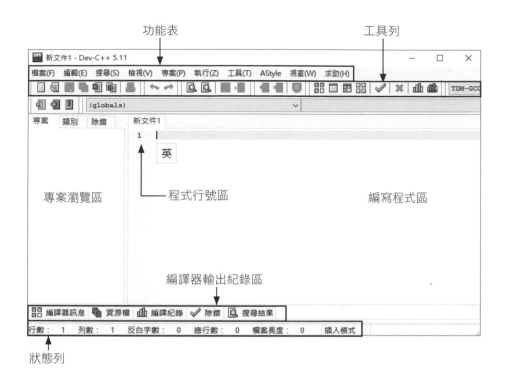

　　專案瀏覽區　　　　　　　程式行號區　　　　　　　編寫程式區

　　　　　　　　　　　　編譯器輸出紀錄區

狀態列

1-3-1 撰寫程式

　　從編輯與撰寫一個 C++ 的原始程式到讓電腦跑出結果，一共要經過「編輯」、「編譯」、「連結」、「載入」與「執行」五個階段。看起來有點麻煩，實際上很簡單，因為這些階段都可以在 Dev C++ 上進行，只要動動滑鼠就行了。

　　現在請各位確定已經安裝完 Dev C++ 了，接著執行桌面上 Dev-C++ 程式捷徑，環境視窗後，再執行「檔案 / 開新檔案 / 原始碼」指令。當開啟程式編輯環境視窗後，這個時候就可以在空白的程式編輯區鍵入程式碼。請進入 Dev C++ 環境後，按照以下視窗中 CH01_01 檔的程式碼輸入完畢。

　　在此要特別提醒各位，在本書中每行程式碼之前的行號，都只是為了方便程式內容解說之用，請千萬別輸入到編輯器中。

範例程式 第一個 **C++** 程式：**CH01_01.cpp**

```
01   #include <iostream>
02
03   using namespace std;
04
05   int main()
06   {
07       cout<<" 我的第一個 C++ 程式 "<<endl;
08       // 列印字串
09
10       return 0;
11   }
```

1-3-2 儲存檔案

當程式寫完後，請執行「檔案 / 儲存」指令或是工具列上的「儲存」 🖫
鈕，檔名命名為 CH01_01，並以 .cpp 的副檔名進行檔案的儲存，就完成 C++ 程
式的編寫，如下圖所示：

❷ 程式寫完後，按下「儲存檔案」鈕，並決定存檔路徑、檔名，並以 .cpp 為副檔名

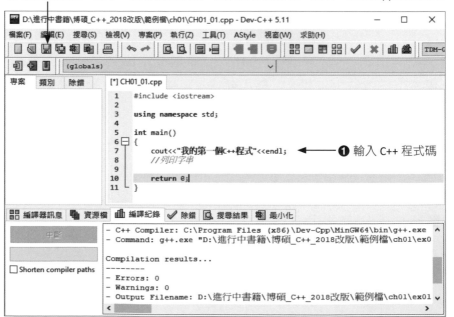

在此各位可能對有些 C++ 的語法一知半解，但先別著急，就如同我們所建議，學習程式語言的最佳方式，是先熟悉整個 C++ 編譯器的操作過程，至於語法說明則容後再行說明。

1-3-3 編譯程式

編輯過程的主要功用是產生檔名為「*.obj」的「目的檔」。所謂目的檔就是使用者開發的原始程式碼在經過編譯器編譯後所產生正確的機器語言碼，它可讓電腦設備明白應該執行的指令與動作。不過因為目的檔只能檢查語法上的錯誤，所以並不能保證程式的執行結果是否正確。

在 Dev C++ 中要執行編譯程式須按下工具列中的編譯按鈕 ▦ 或執行「執行 / 編譯」指令，然後會出現以下視窗，代表檔案編譯成功：

編譯結果沒有錯誤及警告

```
Compilation results...
--------
- Errors: 0
- Warnings: 0
- Output Filename: D:\進行中書籍\博碩_C++\範例檔\ch01\CH01_01.exe
- Output Size: 1.83277606964111 MiB
- Compilation Time: 0.77s
```

1-3-4 執行程式

雖然目的檔中已經包含機器語言碼，不過通常編譯過程中還得多一道功夫，就是需要連結程式來連結函數庫檔案（*.lib）與其它程式目的檔，之後就會產生執行檔（.exe）。現在就來瞧瞧這個程式的執行結果，請執行「執行 / 執行」指令或按下執行鈕 ▢ 。底下為本程式的執行結果：

```
我的第一個C++程式

-----------------------------------
Process exited after 0.4136 seconds with return value 0
請按任意鍵繼續 . . .
```

1-3-5 程式碼解析

各位依樣畫葫蘆地操作了一遍從編寫、編譯與執行 C++ 程式碼的過程後，相信對 C++ 程式有了一點認識。基本上，寫程式就好像玩樂高積木一樣，都是由小到大慢慢累積學習，但是如何執行過程務必要先了解，不然一堆密密麻麻的程式碼，也不知道能否執行。以下我們將針對各位的第一個程式碼範例做快速解析，各位只需有個基本認知，後面章節會再來詳加說明：

◆ 第 1 行：含括 iostream 標頭檔，C++ 中有關輸出入的函數都定義在此。

◆ 第 3 行：使用標準程式庫的命名空間 std。

◆ 第 5 行：main() 函數為 C++ 主程式的進入點，其中 int 是整數資料型態。

◆ 第 7 行：cout 是 C++ 語言的輸出指令，其中 endl 代表換行。

◆ 第 8 行：C++ 的註解指令。

◆ 第 10 行：因為主程式被宣告為 int 資料型態，必須回傳（return）一個值。

1-4 程式架構簡介

本節我們將從一個 C++ 程式基本架構開始談起，為了方便展現一些螢幕輸出，特別將較基本的輸出及輸入指令作一簡單說明，希望透過本節的內容安排，可以帶領程式設計的新鮮人進入 C++ 程式設計的基礎領域。

　　C++ 程式的內容主要是由一個或多個函數組成，例如我們之前在 CH01_01.cpp 中所看過的 main()，就是函數的一種。接著我們將從 CH01_01 的程式碼說明中，來為各位詳細介紹 C++ 程式的基本架構與語法。

1-4-1 表頭檔區

　　表頭檔中通常定義了一些標準函數或類別來讓外部程式引用，在 C++ 中是以前置處理器指令「#include」來進行引用的動作。例如 C++ 的輸出（cout）、輸入（cin）函數都定義在 iostream 標頭檔內，因此在使用這些輸出入函數時，就得先將 iostream 標頭檔載入：

```
#include <iostream>
```

　　C++ 的表頭檔有新舊之分，其中舊型的副檔名為「.h」，這種作法是沿用 C 語言表頭檔的格式，這類的表頭檔適用於 C 及 C++ 程式的開發：

C/C++ 舊型標頭檔	說明
\<math.h>	C 的舊型標頭檔，包含數學運算函數
\<stdio.h>	C 的舊型標頭檔，包含標準輸出入函數
\<string.h>	C 的舊型標頭檔，包含字串處理函數
\<iostream.h>	C++ 的舊型標頭檔，包含標準輸出入函數
\<fstream.h>	C++ 的舊型標頭檔，包含檔案輸出入的處理函數

　　而新型的表頭檔沒有「.h」的副檔名，這類的表頭檔只能在 C++ 的程式中使用，如下所示：

C++ 新型標頭檔	說明
\<cmath>	C 的 \<math.h> 新型標頭檔
\<cstdio>	C 的 \<stdio.h> 新型標頭檔
\<cstring>	C 的 \<string.h> 新型標頭檔

C++ 新型標頭檔	說明
\<iostream\>	C++ 的 \<iostream.h\> 的新型標頭檔
\<fstream\>	C++ 的 \<fstream.h\> 新型標頭檔

依據表頭檔所在路徑的不同有兩種引進方式：第一種是以一組「\<\>」符號來引用編譯環境預設路徑下的表頭檔，另外一種則以一組「""」來引用與原始程式碼相同路徑下的表頭檔，引用的方式如下：

```
#include <表頭檔檔名>      // 要引用的表頭檔位於編譯環境預設路徑下
#include " 表頭檔檔名 "     // 要引用的表頭檔與程式碼位於相同路徑下
```

1-4-2 程式註解

當撰寫程式時，需要標示程式目的以及解釋某段程式碼內容時，最好使用註解方式來加以說明。愈複雜的程式，註解就顯得愈重要，不僅有助於程式除錯，同時也讓其他人更容易了解程式。通常 C++ 中以雙斜線（//）來表示註解（comment）：

```
// 註解文字
```

// 符號可單獨成為一行，也可跟隨在程式敘述（statement）之後，如下所示：

```
// 宣告變數
int a, b, c, d;

a = 1;    // 宣告變數 a 的值
b = 2;    // 宣告變數 b 的值
```

由於在 C 語言中的註解方式是將文字包含在 /*…*/ 符號範圍內做為註解，所以在 C++ 中也可使用這種註解方式：

```
/* 宣告變數 */
int a, b, c, d;

a = 1;    /* 宣告變數 a 的值 */
b = 2;    /* 宣告變數 b 的值 */
```

至於 // 符號式註解只可使用於單行，/*…*/ 註解則可跨越包含多行註解使用。當我們使用「/*」與「*/」符號來標示註解時必須注意 /* 與 */ 符號的配對問題，由於編譯器進行程式編譯時是將第 1 個出現的 /* 符號與第 1 個出現的 */ 符號視為一組，而忽略其中所含括的內容，一不小心註記錯誤就會出現預期以外的結果。因此建議各位最好還是採用 C++ 格式的 // 註解符號，以免不小心忽略了結尾的符號（*/），而造成錯誤。

1-4-3 主程式區 -main( ) 函數

C/C++ 都是一種符合模組化（module）設計精神的語言，也就是說，C/C++ 程式本身就是由各種函數所組成。main 函數包含兩部分：函數標題（function heading）以及函數主體（function body），在函數標題之前的部分稱為回傳型態，函數名稱後的括號 () 裡面則為系統傳遞給函數的參數：

🪐 回傳型態（Return type）

表示函數回傳值的資料型態。例如以下敘述是表示 main() 會傳回整數值給系統，而系統也不需傳遞任何參數給 main 函數：

```
int main()            // 呼叫 main 函數時，無參數但須傳回整數
```

也可以將上式寫成：

```
int main(void)          // 呼叫 main 函數時，無參數但須傳回整數
```

在 () 中使用 void 是明確地指出呼叫 main 函數時不需傳遞參數。如果呼叫 main 函數時無參數也不需傳回任何值，則可用 void 回傳型態表示不回傳值，並省略回傳參數，如以下敘述：

```
void main()             // 呼叫 main 函數時，無參數也不傳回任何值
```

至於函數主體是以一對大括號 { 與 } 來定義，在函數主體的程式區段中，可以包含多行程式敘述（statement），而每一行程式敘述要以「;」結尾。另外，程式區段結束後是以右大括號 } 來告知編譯器，且 } 符號之後，無須再加上「;」來作結尾。

此外，如果妥善利用縮排來區分程式的層級，往往會使程式碼更容易閱讀，例如在主程式中包含子區段，或者子區段中又包含其它的子區段時，這時候透過縮排來區分程式層級就顯得相當重要，通常編寫程式時我們會以 Tab 鍵（或者空白鍵）來做為縮排的間距。而函數主體的最後一行敘述則為：

```
return 回傳值；
```

1-4-4　名稱空間

由於各個不同廠商所研發出的類別庫，可能會有相同類別名稱，所以標準 C++ 新增了「名稱空間」的概念，用來區別各種定義名稱，使得在不同名稱空間的變數、函數與物件，即使具有相同名稱，也不會發生衝突。

由於 C++ 的新型標頭檔幾乎都定義於 std 名稱空間裡，要使用裡面的函數、類別與物件，必須加上使用指令（using directive）的敘述，所以在撰寫 C++ 程式碼時，幾乎都要加上此道程式碼。

例如在下述程式碼中引入 <iostream> 表頭檔後，由於名稱空間封裝的關係，所以無法使用此區域定義的物件。只有加上使用宣告後，即可以取用 std 中 <iostream> 定義的所有變數、函數與物件，如下所示：

```
#include <iostream>
using namespace std;
```

當然也不是非要設定名稱空間為 std 才行。另外還有一種變通方式則是在載入標頭檔後，如果要使用某種新型標頭檔所提供的變數、函數與物件時，直接在前面加上 std::。例如：

```
#include <iostream>
...
std::cout << "請輸入一個數值：" << endl; // 在每個函數前都必須要加上 std::
```

1-4-5 輸出入功能簡介

C++ 的基本輸出入功能與 C 語言相比，可以說非常的簡化與方便，只要引用 <iostream> 標頭檔即可。在 C++ 中定義了兩個資料流輸出與輸入的物件 cout（讀作 c-out）和 cin（讀作 c-in），分別代表著終端機與鍵盤下的輸出與輸入內容。尤其當程式執行到 cin 指令時，會停下來等待使用者輸入。語法格式如下：

```
cout << 變數 1 或字串 1 << 變數 2 或字串 2 << ……<< 變數 n 或字串 n;
cin >> 變數 1 >> 變數 2 … >> 變數 n;
```

其中「<<」為串接輸出運算子，表示將所指定的變數資料或字串移動至輸出設備，而「>>」則為串接輸入運算子，作用是由輸入設備讀取資料，並將資料依序設定給指定變數。

1-4-6 程式指令編寫格式

程式敘述（有人也稱為指令）是組成 C++ 程式的基本要件，我們可將 C++ 程式比喻成一篇文章，而程式區塊就像是段落，指令就是段落中的句子，在結尾時則使用 " ; " 號代表一個程式敘述的結束。指令所包含的內容相當廣泛，例如宣告、變數、運算式、函數呼叫、流程控制、迴圈等都是。如 CH01_01 中的第 7 行：

```
cout<<" 我的第一個 C++ 程式 "<<endl;
```

C++ 的指令具有自由化格式（free format）精神，也就是只要不違背基本語法規則，可以讓各位自由安排程式碼位置。例如每行指令以（;）做為結尾與區隔，中間有空白字元、tab 鍵、換行都算是空白字元（white space），也就是可以將一個指令拆成好幾行，或將好幾行指令放在同一行，以下都是合法指令：

```
std::cout<<" 我的第一個 C++ 程式 "<<endl;    // 合法指令

std:: cout<<" 我的第一個 C++ 程式 "

<<endl;    // 合法指令
```

在一行指令中，對於完整不可分割的單元稱為字符（token），兩個字符間必須以空白鍵、tab 鍵或輸入鍵區隔，而且不可分開。例如以下都是不合法指令：

```
intmain();
return0;
c out<<" 我的第一個 C++ 程式 ";
```

1-4-7 識別字與保留字

我們來看一個例子：

```
int a;
```

a 其實是由我們自行命名，且屬於一種整數型態的變數，這是一個簡單的變數宣告方式，如下所示：

```
資料型態 變數名稱;
```

有關變數更詳細的資訊，將在第二章中說明，在此各位先有初步的認識即可。

課後評量

1. 何謂「整合性開發環境」（Integrated Development Environment，IDE）？

2. 請比較編譯器與直譯器兩者間的差異性。

3. 美國國家標準局（ANSI）為何要制定一個標準化的 C 語言？

4. 請問標頭檔的引進方式有那兩種？

5. 請指出下列程式碼在編譯時會出現什麼錯誤？

```cpp
#include <iostream>
using namespace std;
int main()
{
    int a;
    a=10
    cout >> "a 的值為：" >> a >> endl
}
```

APCS 檢定考古題

1. 程式編譯器可以發現下列哪種錯誤？

   (A) 語法錯誤   (B) 語意錯誤

   (C) 邏輯錯誤   (D) 以上皆是

   解答 (A) 語法錯誤

認識資料處理
與基本資料型態

電腦主要的功能就是強大的運算能力，當外界所得到的資料輸入電腦，並透過程式來進行運算，最後再輸出所要的結果。當程式執行時，外界的資料進入電腦後，當然要有個棲身之處，這時系統就會撥一個記憶空間給這份資料，而在 C++ 程式中，我們所定義的變數（variable）與常數（constant）就是扮演這樣的一個角色。

變數與常數主要是用來儲存程式中的資料，以提供程式進行各種運算之用。不論是變數或常數，必須事先宣告一個對應的資料型態（data type），並會在記憶體中保留一塊區域供其使用。兩者之間最大的差別在於變數的值是可以改變，而常數的值則固定不變。如下圖所示：

變數就是程式中用來存放
資料的地方

常數宣告時期

指定初值

資料

常數
myConst

記憶體區塊

記憶體區塊

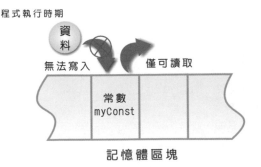

程式執行時期

記憶體區塊

各位可以把電腦的主記憶體想像成一座豪華旅館，而外部資料就當成來住房的旅客，旅館的房間有不同的等級，就像是屬於不同的資料型態一般，最貴的等級價格自然高，不過房間也較大，就像是有些資料型態所佔的位元組較多。

電腦主記憶體就像是一座豪華旅館

2-1　認識變數

變數（Variable）是任何程式語言中不可或缺的部份，代表可變動資料的儲存記憶空間。變數宣告的作用在告知電腦，這個變數需要多少的記憶空間。由於 C++ 是屬於一種強制型態式（strongly typed）語言，在 C++ 語言中，所有的變數一定要先經過宣告才能夠使用，而且必須以資料型態來作為宣告變數的依據及設定變數名稱。基本上，變數具備了四個形成要素：

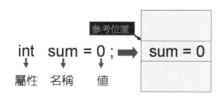

① 名稱：變數本身在程式中的名字，必須符合 C++ 中識別字的命名規則及可讀性。
② 值：程式中變數所賦予的值。
③ 參考位置：變數在記憶體中儲存的位置。
④ 屬性：變數在程式的資料型態，如所謂的整數、浮點數或字元。

2-1-1 識別字命名原則

在 C++ 的程式碼中各位所看到的代號，通常不是識別字（identifier）就是關鍵字（keyword）。在真實世界中，每個人、事、物都有一個名稱，程式設計也不例外，識別字包括了變數、常數、函數、結構、聯合、函數、列舉等代號（由英文大小寫字母、數字或底線組合而成）。

關鍵字為具有語法功能的保留字，任何程式設計師自行定義的識別字都不能與關鍵字相同，在 ANSI C 中定義了如下表所示的 32 個關鍵字，在 Dev C++ 會以粗黑體字來顯示關鍵字，下表列出完整的 C++ 關鍵字供您參考：

asm	false	sizeof
auto	float	static
bool	for	static_cast
break	friend	struct
case	goto	switch
catch	if	template
char	inline	this
class	int	throw
const	long	true
const_cast	mutable	try
continue	namespace	typedef
default	new	typeid
delete	operator	typename
do	private	union
double	protected	unsigned
dynamic_cast	public	using
else	register	virtual
enum	reinterpret_cast	void
explicit	return	volatile
export	short	wchar_t
extern	signed	while

　　基本上，變數名稱都是由程式設計者所自行定義，為了考慮到程式的可讀性，各位最好儘量以符合變數所賦予的功能與意義來命名。例如總和取名為「sum」，薪資取名為「salary」等。特別是當程式規模越大時，越顯得重要。由於變數是屬於識別字的一種，必須遵守以下基本規則：

① 識別字名稱開頭可以是英文字母或底線，但不可以是數字，中間也不可以有空白。

② 識別字名稱中間可以有下底線，例如 int_age，但是不可以使用 -,*$@…等符號。

③ 識別字名稱長度不可超過 127 個字元，另外根據 ANSI C 標準（C99 標準），變數名稱只有前面 63 個字元是被視為有效變數名稱，其餘 63 個字元以後會被捨棄。

④ 識別字名稱必須區分大小寫字母，例如 Tom 與 TOM 會視為兩個不同的變數。

⑤ 不可使用關鍵字（Keyword）或與內建函數名稱相同的命名。

　　通常為了程式可讀性，我們建議對於一般變數宣告習慣是以小寫字母開頭表示，例如 name、address 等，而常數則最好以大寫字母開頭與配合底線 "_"，如 PI、MAX_SIZE。

　　下列則是一些錯誤的變數名稱範例：

變數名稱	錯誤原因
student age	不能有空格
1_age_2	第一個字元不可為數字
break	break 是 C++ 保留字
@abc	不可使用特殊符號

2-1-2 變數宣告

C++ 的正確變數宣告方式是由資料型態加上變數名稱與分號所構成，第一種變數宣告方式是先告變數，再給定初始值，第二種變數宣告方式是宣告變數的同時給定初始值，以下兩種宣告語法都合法：

```
資料型態 變數名稱 1, 變數名稱 2, ……, 變數名稱 n;

變數名稱 1= 初始值 1;
變數名稱 2= 初始值 2;
…
變數名稱 n= 初始值 n;   // 第一種變數宣告方式
或
資料型態 變數名稱 1= 初始值 1, 變數名稱 2= 初始值 2,…, 變數名稱 n= 初始值 n;

// 第二種變數宣告方式
```

例如我們宣告整數型態的變數 var1 如下：

```
int var1;
var1=100;
```

以上這行程式碼就類似各位到餐廳訂位，先預定 var1 的位置，為 4 個位元組的整數空間。但是裡面放的不確定是多少數值，只是先把它保留下來。一旦變數設定初始值 100 時，就會將 100 放入這 4 個位元組的整數空間。

以上的示範是宣告變數後，再設定值。當然也可以在宣告時，同步設定初值，語法如下：

```
資料型態 變數名稱 1= 初始值 1;
資料型態 變數名稱 2= 初始值 2;
資料型態 變數名稱 3= 初始值 3;
…
```

例如宣告兩個整數變數 num1、num2 如下：

```
int num1=30;
int num2=77;
```

如果各位要一次宣告多個同資料型態的變數，可以利用「,」隔開變數名稱。不過為了養成良好的程式寫作習慣，變數宣告部份最好是都放在程式碼開頭，也就是緊接在「{」符號後（如 main 函數或其他函數）之後宣告。例如：

```
int a,b,c;
int total =5000; //int 為宣告整數的關鍵字
float x,y,z;       //float 為宣告浮點數的關鍵字
int month, year=2003, day=10;
```

範例程式 **CH02_01.cpp** ▶ 以下的程式範例中變數 **a**，並沒有事先設定初始值，可是當輸出時，卻列印出不知名的數字，這是因為系統並未清除原先在那塊位址上的內容，通常會出現先前所存放的數字。

```
01   #include <iostream>
02
03   using namespace std;
04
05   int main()
06   {
07       int a;
08       int b=12;
09
10       cout<<" 變數 a="<<a<<endl; // 列印出未初始化的變數 a
11       cout<<" 變數 b="<<b<<endl; // 列印出已初始化的變數 b 值
12
13
14       return 0;
15   }
```

執行結果

```
變數a=1
變數b=12

--------------------------------
Process exited after 0.1468 seconds with return value 0
請按任意鍵繼續 . . . ■
```

程式解說

- ◆ 第 7 ～ 8 行：宣告沒有設初始值的變數 a 和設定初始值的變數 b。
- ◆ 第 10 ～ 11 行：分別印出變數 a 與 b。

2-2　常數

　　C++ 的常數是一個固定的值，在程式執行的整個過程中，不能被改變的數值。例如整數常數 45、-36、10005、0，或者浮點數常數 0.56、-0.003、3.14159 等等，都算是一種字面常數（Literal Constant）。如果是字元，還必須以兩個單引號「'」括住，例如 'a'、'c'，也是一種字面常數。以下的 num 是一種變數，150 則是一種字面常數：

```
int num;
num=num+150;
```

　　常數在 C++ 中也可以如同變數宣告一般，藉由定義的語法，把某些名稱賦予固定的數值，簡單來說，也就是利用一個識別字來表示，不過在整個程式執行時，是絕對無法改變其值，我們稱為「定義常數」（Symbolic Constant），定義常數可以放在程式內的任何地方，但是一定要先宣告定義後才能使用。

　　C++ 語言中有兩種方式來定義，同識別字的命名規定，習慣上會以大寫英文字母來定義名稱，這樣不但可以增加程式的可讀性，對於程式的除錯與維護都有相當幫助。各位可以利用保留字 const 和利用巨集指令中的 #define 指令來宣告自訂常數，宣告語法如下：

```
方式1：  const 資料型態 常數名稱＝常數值；
方式2：  #define 常數名稱 常數值
```

Tips

所謂巨集（macro），又稱為「替代指令」，主要功能是以簡單的名稱取代某些特定常數、字串或函數，善用巨集可以節省不少程式開發的時間。由於 #define 為一巨集指令，並不是指定敘述，因此不用加上「＝」與「；」。

以下兩種方式都可以在程式中定義常數：

```
const  int radius=10;
#define  PI  3.14159
```

範例程式 CH02_02.cpp ▶ 以下程式範例中，我們要示範如何利用巨集指令 **#define** 與 **const** 關鍵字來定義與使用「定義常數」來計算圓面積。

```
01  #include <iostream>
02
03  using namespace std;
04
05  #define PI 3.14159 //PI 宣告為 3.14159
06  const int Radius=111; //Radius 以 const 宣告為常數
07
08
09  int main()
10  {
11
12      cout<<" 球半徑 ="<<Radius<<" 球表面積 ="<<4*Radius*Radius*PI<<endl;
        // 列印球表面積
13
14
15      return 0;
16  }
```

執行結果

```
球半徑=111 球表面積=154830
--------------------------------
Process exited after 0.2655 seconds with return value 0
請按任意鍵繼續 . . .
```

程式解說

◆ 第 5 ～ 6 行：分別以兩種方式宣告常數，在以 #define 形式宣告時，請無
需宣告資料型態及「=」，通常是習慣加在程式最前端的巨集指令區。

◆ 第 12 行：則分別列印出球半徑與球表面積。

2-3　基本資料型態

資料型態（data type）是用來描敘 C++ 資料的類型，不同資料型態的資料
有著不同的特性，例如在記憶體中所佔的空間大小、所允許儲存的資料類型、
資料操控的方式等等。C++ 變數宣告時，一定要同時指定資料型態。有關 C++
的基本資料型態，可以區分為四類，分別是整數、浮點數、字元和布林資料型
態。

2-3-1　整數

整數（int）跟數學上的意義相同，如 -1、-2、-100、0、1、2、100 等，在
C++ 中的儲存方式會保留 4 個位元組（32 位元）的空間。宣告識別字資料型態
時，可以同時設定初值及不設定初值兩種情況，如果是設定初值的整數表示方
式則可以是 10 進位、8 進位或 16 進位的方式。

在 C++ 中對於八進位的表示方式，必須在數字前加上數值 0，例如 073，
也就是表示 10 進位的 59。而在數字前加上「0x」（零 x）或「0X」表示 16 進
位。例如 no 變數設定為整數 80，可以利用下列三種方式來表示：

```
int no=80        // 十進位
int no=0120      // 八進位
int no=0x50      // 十六進位
```

整數資料型態還可以依照 short、long、signed 和 unsigned 修飾詞來做不同程度的定義。對於一個好的程式設計師而言，應該學習控制程式所佔有的記憶體容量，原則就是「當省則省」，例如有些變數的資料值很小，宣告為 int 型態要花費 4 個位元組，但是加上 short 修飾詞就縮小到只要 2 個位元組：

```
short int no=58;
```

至於所謂的有號整數（singed）就是指有正負號之分的整數。在資料型態之前加上 signed 修飾詞，那麼該變數就可以儲存正負數的資料。如果省略 signed 修飾詞，編譯程式也會自動將該變數視為帶符號整數。假若您在資料型態前加上另一種無號整數（unsigned）修飾詞，那麼該變數只能儲存正整數的資料，那麼它的數值範圍中就能夠表示更多的正數。宣告這型的 int 變數資料值，範圍變成 0 和 **4294967295** 之間：

```
unsigned int no=58;
```

此外，英文字母「U」、「u」與「L」、「l」可直接放在整數字面常數後標示其為無號整數（unsigned）以及長整數（long）資料型態：

```
45U、45u        // 標示 45 為無號整數
45L、45l        // 標示 45 為長整數
45UL、45UL      // 標示 45 為無號長整數
```

下表為各種整數資料型態的宣告、資料長度及數值的大小範圍：

資料型態宣告	資料長度（位元組）	最小值	最大值
short int	2	-32768	32767
signed short int	2	-32768	32767
unsigned short int	2	0	65535
int	4	-2147783648	2147483647
signed int	4	-2147783648	2147483647

資料型態宣告	資料長度（位元組）	最小值	最大值
unsigned int	4	0	4294967295
long int	4	-2147783648	2147483647
signed long int	4	-2147783648	2147483647
unsigned long int	4	0	4294967295

由於在不同的編譯器上，會產生不同的整數資料長度。各位可以直接使用 sizeof() 函數來瞧瞧各種資料型態或變數的長度。宣告方法如下：

```
sizeof(資料型態)
```

或

```
sizeof(變數名稱)
```

範例程式 **CH02_03.cpp** ▶ 以下程式範例分別列出了 **C++** 的整數修飾詞宣告與利用八進位、十進位、十六進位數值來設定值，再藉由 **sizeof()** 函數的回傳值來顯示變數儲存長度。

```
01   #include<iostream>
02
03   using namespace std;
04
05   int main()
06   {
07
08       short int number1=0200;// 宣告短整數變數，並以八進位數設定其值
09       int number2=0x33f;// 宣告整數變數，並以十六進位數設定其值
10       long int number3=1234567890;// 宣告長整數變數，並以十進位數設定其值
11       unsigned long int number4=978654321;// 宣告無號長整數變數，並以十進位數
             設定其值
12
13         // 輸出各種整數資料型態值與所佔位元數
14
15       cout<<" 短整數 ="<<number1<<" 所佔位元組 :"<<sizeof(number1)<<endl;
16       cout<<" 整數 ="<<number2<<" 所佔位元組 :"<<sizeof(number2)<<endl;
17       cout<<" 長整數 ="<<number3<<" 所佔位元組 :"<<sizeof(number3)<<endl;
```

```
18      cout<<" 無號長整數 ="<<number4<<" 所佔位元組 :"<<sizeof(number4)<<endl;
19
20
21
22      return 0;
23  }
```

執行結果

```
短整數=128 所佔位元組:2
整數=831 所佔位元組:4
長整數=1234567890 所佔位元組:4
無號長整數=978654321 所佔位元組:4

-----------------------------------
Process exited after 0.09802 seconds with return value 0
請按任意鍵繼續 . . . ▪
```

程式解說

◆ 第 8 ～ 11 行：宣告各種整數資料變數，並分別利用八進位、十六進位、十進位數值來設定值。

◆ 第 15 ～ 18 行：藉由 sizeof() 函數的回傳輸出各種整數資料值所佔的位元組。

2-3-2 浮點數

C++ 的浮點數（float）資料就是指帶有小數點或指數的數值。例如：3.14、5e-3 等。依照佔用記憶體的不同分為三種：float（浮點數）、double（倍浮點數）以及 long double（長倍浮點數），如下表所示：

資料型態	位元組	表示範圍
float	4	1.17E-38 ～ 3.4E + 38（精準至小數點後 7 位）
double	8	2.25E – 308 ～ 1.79E+308（精準至小數點後 15 位）
long double	12	1.2E +/- 4932（精準至小數點後 19 位）

浮點數的預設型態是 double 型態，如果浮點變數想要宣告為 float 型態，在指定浮點數值時，可在字尾加上字元「F」或「f」，將數值轉換成 float 型態，如下所示：

```
float a = 3.1f;
```

此外，浮點數資料也可以十進位或科學記號來表示，下例將示範以這兩種表示法來將浮點數變數 num 的初始值設為 7645.8：

```
double product = 7645.8;    // 十進位表示法，設定 product 的初始值為 7645.8
double product = 7.6458e3; // 科學記號表示法，設定 product 的初始值為 7645.8
```

科學記號表示法的各個數字與符號間不可有間隔，且其中「e」亦可為大寫「E」，其後所接的數字為 10 的乘方，因此 7.6458e3 所表示的浮點數為：

```
7.6458×10³ = 7645.8
```

2-3-3 字元

字元型態（char）包含了字母、數字、標點符號及控制符號等，每一個字元佔用 1 位元組（8 位元）的資料長度，在記憶體中仍然是以整數數值的方式來儲存，就是存我們一般常說的 ASCII 碼，例如字元「A」的數值為 65、字元「0」則為 48。

在 C++ 中宣告字元資料型態時，必須以兩個單引號「'」符號將字元括起來，代表一個字元。字元型態因為是以整數方式儲存，範圍是由 -128 ～ 127，跟整數一樣也有 signed 與 unsigned 修飾詞。數值範圍如下表所示：

資料型態	資料長度（位元）	最小值	最大值
char	8	-128	127
signed char	8	-128	127
unsigned char	8	0	255

至於字元變數宣告方式如下：

```
char 變數名稱 =ASCII 碼 ;
```

或是

```
char 變數名稱 =' 字元 ';
```

例如：

```
char  ch=65;
```

或是

```
char  ch='A';
```

當然各位也可以使用「\x」開頭的十六進位 ASCII 碼或「\」開頭的八進位 ASCII 碼來表示字元，例如：

```
char  ch='\x41';      //16 進位 ASCII 碼表示 A 字元
char  ch=0x41;        //16 進位數值表示 A 字元
char my_ch='\101';    //8 進位 ASCII 碼表示 A 字元
char my_ch=0101;      //8 進位數值表示 A 字元
```

2-3-4 跳脫字元

「跳脫字元」（escape character）（\）功能是一種用來執行某些特殊控制功能的字元方式，格式是以反斜線開頭，以表示反斜線之後的字元將跳脫原來字元的意義，並代表另一個新功能，稱為跳脫序列（escape sequence）。之前的範例程式中所使用的 '\n'，就是能將所輸出的資料換行，下面整理了 C++ 語言中的常用跳脫字元。如下表所示：

跳脫字元	說明	十進位 ASCII 碼	八進位 ASCII 碼	十六進位 ASCII 碼
\0	字串結束字元。（Null Character）	0	0	0x00
\a	警告字元 使電腦發出嗶一聲（alarm）	7	007	0x7
\b	倒退字元（backspace），倒退一格	8	010	0x8
\t	水平跳格字元（horizontal Tab）	9	011	0x9
\n	換行字元（new line）	10	012	0xA
\v	垂直跳格字元（vertical Tab）	11	013	0xB
\f	跳頁字元（form feed）	12	014	0xC
\r	返回字元（carriage return）	13	015	0xD
\"	顯示雙引號（double quote）	34	042	0x22
\'	顯示單引號（single quote）	39	047	0x27
\\	顯示反斜線（backslash）	92	0134	0x5C

此外，前面也提過可以利用「\ooo」模式來表示八進位的 ASCII 碼，而每個 o 則表示一個八進位數字。至於「\xhh」模式可表示十六進位的 ASCII 碼，其中每個 h 表示一個十六進位數字。

範例程式 **CH02_04.cpp** ▶ 以下程式範例將告訴各位一個私房小技巧，我們可以將跳脫字元「\"」的八進位 ASCII 碼設定給 ch，再將 ch 所代表的雙引號列印出來，最後於螢幕上會顯示帶有雙引號的 " 榮欽科技 " 字樣，並利用「\a」發出嗶聲！

```
01   include <iostream>
02
03   using namespace std;
04
05   int main()
06   {
07       char ch=042;// 雙引號的八進位 ASCII 碼
08       // 印出字元和它的 ASCII 碼
09
10       cout<<" 列印出八進位 042 所代表的字元符號 ="<<ch<<endl;
11       cout<<" 雙引號的應用 ->"<<ch<<" 榮欽科技 "<<ch<<endl; // 雙引號的應用
12       cout<<'\a';// 發出嗶一聲
```

```
13
14
15    return 0;
16  }
```

執行結果

```
列印出八進位042所代表的字元符號="
雙引號的應用->"榮欽科技"

------------------------------------
Process exited after 0.1559 seconds with return value 0
請按任意鍵繼續 . . .
```

程式解說

◆ 第 7 行：以八進位 ASCII 碼宣告一個 / 雙引號的字元變數。

◆ 第 10 行：印出所代表的 / 雙引號字元"。

◆ 第 11 行：雙引號的應用。

◆ 第 12 行：發出嗶一聲

2-3-5 布林資料型態

布林資料型態（bool）是一種表示邏輯的資料型態，它只有兩種值：「true（真）」與「false（偽）」，而這兩個值若被轉換為整數則分別為「1」與「0」，每一個布林變數佔用 1 位元組。C++ 的布林變數宣告方式如下：

```
方式 1：bool 變數名稱 1, 變數名稱 2, …… , 變數名稱 N;   // 宣告布林變數
方式 2：bool 變數名稱 = 資料值；  // 宣告並初始化布林變數
```

方式 2 中的資料值可以是「0」、「1」，或是「true」、「false」其中一種。C++ 將零值視為偽值，而非零值則視為真值，通常是以 1 來表示。至於

「true」及「false」則是預先定義好的常數值，分別代表 1 與 0。以下舉幾個例子來說明：

```
bool Num1 = 1;           // 宣告布林變數，設值為 1
bool Num2 = 0;           // 宣告布林變數，設值為 0
bool Num3 = true;        // 宣告布林變數，設值為 true
bool Num4 = false;       // 宣告布林變數，設值為 0
bool Num5 = 128;         //128 為非零值，結果為真
bool Num6 = -43;         //-43 為非零值，結果也為真
```

範例程式 **CH02_05.cpp** ▶ 以下程式範例將說明各種布林變數的宣告方式及輸出其運算結果。當各位設值為 **true** 或 **flase** 時，**C++** 中會自動轉為整數 **1** 或 **0**。

```
01  #include <iostream>
02
03  using namespace std;
04
05  int main()
06  {
07
08      bool Num1= true;         // 宣告布林變數，設值為 true
09      bool Num2= 0;            // 宣告布林變數，設值為 0
10      bool Num3= -43;          //-43 為非零值，結果為真
11      bool Num4= Num1>Num2;    // 設值為布林判斷式，結果為真
12
13      cout<<"Num1="<<Num1<<" Num2="<<Num2<<endl;
14      cout<<"Num3="<<Num3<<" Num4="<<Num4<<endl;
15
16      return 0;
17  }
```

執行結果

```
Num1=1 Num2=0
Num3=1 Num4=1

------------------------------------
Process exited after 0.1498 seconds with return value 0
請按任意鍵繼續 . . .
```

程式解說

- ◆ 第 8 行：宣告布林變數，設值為 true。
- ◆ 第 9 行：宣告布林變數，設值為 0。
- ◆ 第 10 行：-43 為非零值，結果為真。
- ◆ 第 11 行：設值為布林判斷式，結果為真。

2-4　資料型態轉換

在 C++ 的資料型態中，如果不同資料型態作運算時，會造成資料型態的不一致，這時候 C++ 所提供的「資料型態轉換」（Data Type Coercion）功能就派上用場了，資料型態轉換功能可以區分為「自動型態轉換」與「強制型態轉換」兩種。

2-4-1　自動型態轉換

自動型態轉換是由編譯器來判斷應轉換成何種資料型態，因此也稱為「隱含轉換」（implicit type conversion）。在 C++ 編譯器中，對於運算式型態轉換，會依照型態數值範圍大者作為優先轉換的對象，簡單的說，就是西瓜靠大邊（型態儲存位元組較多者）的原則，也稱為擴大轉換（augmented conversion）。轉換順序如下所示：

以下是資料型態大小的轉換的順位：

```
double  >  float  >  unsigned long  >  long  >  unsigned int  >  int
```

在此以下範例作説明：

```
double=int / float + int * long
```

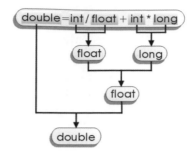

例如以下程式片段：

```
int i=3;
float f=5.2;
double d;

d=i+f;
```

其轉換方式如下所示：

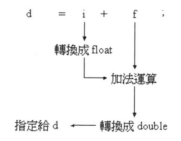

當指定運算子左右的資料型態不相同時，是以指定運算子左邊的資料型態為主。以上述範例來說，指定運算子左邊的資料型態大於右邊，所以轉換上不會有問題；相反的，如果指定運算子左邊的資料型態小於右邊時，會發生部分的資料被捨去的狀況，例如將 float 型態指定給 int 型態，可能會有遺失小數點後的精準度。

如果運算式使用到 char 資料型態時，在計算運算式的值時，編譯器會自動把 char 資料型態轉換為 int 資料型態，不過並不會影響變數的資料型態和長度。至於 bool 型態與字元及整數型態並不相容，因此不可以做型態轉換。

範例程式 **CH02_06.cpp** ▶ 以下程式範例是利用浮點數與整數的加法過程來示範自動型態轉換的結果，各位也可更清楚擴大轉換（augmented conversion）的作用。

```cpp
01   #include<iostream>
02
03
04   using namespace std;
05
06   int main()
07   {
08
09
10       int i=26;
11       float f=1115.2;
12       double d;
13
14       // 印出各資料型態變數的初始值
15       cout<<"i="<<i<<" f="<<f<<endl;
16       d=i+f; // 資料型態轉換與浮點數與整數的加法
17       cout<<"--------------------------------"<<endl;
18       cout<<"d="<<d<<endl;
19       cout<<"--------------------------------"<<endl;
20
21
22       return 0;
23   }
```

執行結果

```
i=26 f=1115.2
--------------------------------
d=1141.2
--------------------------------

--------------------------------
Process exited after 0.1083 seconds with return value 0
請按任意鍵繼續 . . . ▄
```

程式解說

◆ 第 10 ～ 12 行：宣告各種資料型態的變數並設初始值。

◆ 第 16 行：將整數 i 與單精度浮點數 f 加法運算後，存入倍精度浮點數 d。

◆ 第 18 行：列印自動型態轉換的運算結果。

2-4-2 強制型態轉換

除了由編譯器自行轉換的自動型態轉換之外，C++ 也允許使用者強制轉換資料型態，或稱為「顯性轉換」（explicit type conversion）。例如想利用兩個整數資料相除時，可以用強制性型態轉換，暫時將整數資料轉換成浮點數型態。

如果要在運算式中強制轉換資料型態，語法如下：

```
(強制轉換型態名稱)  運算式或變數；
```

例如以下程式片段：

```
int a,b,avg;
avg=(float)(a+b)/2;   // 將 a+b 的值轉換為浮點數型態
```

請注意喔！包含著轉換型態名稱的小括號是絕對不可以省略，當浮點數轉為整數時不會四捨五入，而是直接捨棄小數部份。另外在指定運算子（=）左邊的變數，也不能進行強制資料型態轉換！例如：

```
(float)avg=(a+b)/2;   // 不合法的指令
```

範例程式 **CH02_07.cpp** ▶ 以下程式範例輸出了強制型態轉換前後的平均成績結果，除了求取整數相除的結果，再透過浮點數轉換求取新的結果。

```
01   #include<iostream>
02
03
```

```
04  using namespace std;
05
06  int main()
07  {
08      int score1=78,score2=69,score3=92;
09      int sum=0;
10
11      sum=score1+score2+score3;
12      cout<<" 總分為 :"<<sum<<endl;
13      cout<<" 原來的平均成績為 :"<<sum/3<<endl; // 不轉換資料型態
14      // 強制轉換資料型態
15      cout<<" 強制轉換後的平均成績為 :"<<(float)sum/3<<endl;
16
17
18      return 0;19   }
```

執行結果

```
總分為:239
原來的平均成績為:79
強制轉換後的平均成績為:79.6667

--------------------------------
Process exited after 0.1185 seconds with return value 0
請按任意鍵繼續 . . . ▪
```

程式解說

◆ 第 8 行：變數的宣告與設定初始值。

◆ 第 13 行：不轉換資料型態，以整數型態列印平均值。

◆ 第 15 行：將 (float)sum/3 強制型態轉換成浮點數，以便求平均成績。

★ 課 後 評 量

1. 何謂變數，何謂常數？

2. 變數具備了哪四個形成要素？

3. 試簡述變數命名必須遵守那些規則？

4. 請將整數值 45 以 C++ 中的八進位與十六進位表示法表示，並簡單說明規則。

5. 如何在指定浮點常數值時，將數值轉換成 float 型態？

6. 有個個人資料輸入程式，但是無法順利編譯，編譯器指出下面這段程式碼出了問題，請指出問題的所在：

```
cout<<" 請輸入學號 "08004512"："；
```

7. 請說明以下跳脫字元的含意？

   (A)'\t' (B)'\n' (C)'\"' (D)'\'' (e)'\\'

8. 字元資料型態在輸出入上有哪兩種選擇？

9. 下面這個程式進行除法運算，如果想得到較精確的結果，請問當中有何錯誤？

```
01 #include <iostream>
02
03 int main(void)
04 {
05     int x = 10, y = 3;
06     cout<<"x /y = "<< x/y<<endl;
07     return 0;
08 }
```

APCS 檢定考古題

1. 程式執行時，程式中的變數值是存放在？〈106 年 3 月觀念題〉

   (A) 記憶體　　　　　　　　　　　(B) 硬碟

   (C) 輸出入裝置　　　　　　　　　(D) 匯流排

   解答 (A) 記憶體

2. 如果 X_n 代表 X 這個數字是 n 進位，請問 $D02A_{16} + 5487_{10}$ 等於多少？
   〈105 年 10 月觀念題〉

   (A) 1100 0101 1001 1001_2　　　(B) 162631_8

   (C) 58787_{16}　　　　　　　　　(D) $F599_{16}$

   解答 (B) 162631_8

   　　本題純綷是各種進位間的轉換問題，建議全部轉換成十進位，就可以
   　　找到正確的答案。
   　　$D02A_{16}+5487_{10}=(13*16^3+2*16+10)+5487=58777_{10}$
   　　$162631_8=1*8^5+6*8^4+2*8^3+6*8^2+3*8+1=58777_{10}$

3. 程式執行過程中，若變數發生溢位情形，其主要原因為何？〈106 年 3 月觀念題〉

   (A) 以有限數目的位元儲存變數值

   (B) 電壓不穩定

   (C) 作業系統與程式不甚相容

   (D) 變數過多導致編譯器無法完全處理

   解答 (A) 以有限數目的位元儲存變數值

   　　當設定變數的數值時，如果不小心超過該資料型態限定的範圍，就稱
   　　為溢位。

4. 下列程式碼執行後輸出結果為何？〈105 年 10 月觀念題〉

```
int a=2, b=3;
int c=4, d=5;
int val;
val = b/a + c/b + d/b;
printf ("%d\n", val);
```

(A) 3 　　　　　(B) 4 　　　　　(C) 5 　　　　　(D) 6

解答 (A) 3

在 C/C++ 語言中整數相除的資料型態與被除數相同，因此相除後商為整數型態。因此本例 val=3/2+4/3+5/3=1+1+1=3。

輕鬆玩轉運算子與運算式

精確快速的計算能力稱得上是電腦最重要的能力之一，而這些是透過程式語言的各種指令來達成，而指令的基本單位就是運算式與運算子。運算式就像平常所用的數學公式一樣，是由運算子（operator）與運算元（operand）所組成。其中 =、+、* 及 / 符號稱為運算子，而變數 A、x、c 及常數 10、3 都屬於運算元。例如以下為 C++ 的一個運算式：

電腦的運算能力是由運算式
與運算子組合而成

```
x=100*2y-a+0.7*3*c;
```

在 C++ 中，運算元可以包括了常數、變數、函數呼叫或其他運算式，而運算子的種類相當多，有指派運算子、算術運算子、比較運算子、邏輯運算子、遞增遞減運算子，以及位元運算子等六種。

3-1 運算式與優先權

在程式語言的領域中，如果依據運算子在運算式中的位置，可區分以下三種表示法：

① 中序法（Infix）：運算子在兩個運算元中間，例如 A+B、(A+B)*(C+D) 等都是中序表示法。

② 前序法（Prefix）：運算子在運算元的前面，例如 +AB、*+AB+CD 等都是前序表示法。

③ 後序法（Postfix）：運算子在運算元的後面，例如 AB+、AB+CD+* 等都是後序表示法。

對於 C++ 的運算式，我們所要使用的是中序法，這也包括了運算子的優先權與結合性的問題，C 的運算式如果依照運算子處理運算元的個數不同，可以區分成「一元運算式」、「二元運算式」及「三元運算式」等三種。以下我們簡單介紹這些運算式的特性與範例：

- **一元運算式**：由一元運算子所組成的運算式，在運算子左側或右側僅有一個運算元。例如 -100（負數）、tmp--（遞減）、sum++（遞增）等。

- **二元運算式**：由二元運算子所組成的運算式，在運算子兩側都有運算元。例如 A+B（加）、A=10（等於）、x+=y（遞增等於）等。

- **三元運算式**：由三元運算子所組成的運算式。由於此類型的運算子僅有「:?」（條件）運算子，因此三元運算式又稱為「條件運算式」。例如 a>b ? 'Y':'N'。

3-1-1 運算子優先權

在尚未正式介紹運算子之前，我們先來認識運算子的優先權（priority）。

一個運算式中往往包含了許多運算子，如何安排彼此間執行的先後順序，就需要依據優先權來建立運算規則了。記得小時候我們在上數學課時，最先背誦的口訣就是「先乘除，後加減」，這就是優先權的基本概念。

先乘除，後加減就是運算子
優先權的基本概念

當我們遇到運算式中包含一個以上的運算子時，首先要區分出運算子與運算元。接下來就依照運算子的優先順序作整理，當然也可利用「()」括號來改變優先順序。最後由左至右考慮到運算子的結合性（associativity），也就是遇到相同優先等級的運算子會由最左邊的運算元開始處理。以下是 C++ 中各種運算子計算的優先順序：

運算子優先順序	說明
()	括號，由左至右。
[]	方括號，由左至右。
! - ++ --	邏輯運算 NOT 負號 遞增運算 遞減運算，由右至左
~	位元邏輯運算子，由右至左
++、--	遞增與遞減運算子，由右至左
* / %	乘法運算 除法運算 餘數運算，由左至右
+ -	加法運算 減法運算，由左至右
<< >>	位元左移運算 位元右移運算，由左至右
> >= < <=	比較運算，大於 比較運算，大於等於 比較運算，小於 比較運算，小於等於
== !=	比較運算等於 比較運算不等於，由左至右
& ^ |	位元運算 AND，由左至右 位元運算 XOR 位元運算 OR，由左至右
&& ||	邏輯運算 AND 邏輯運算 OR，由左至右
?:	條件運算子，由右至左
=	指定運算，由右至左

3-2 運算子簡介

運算式組成了各種快速計算的成果,而運算子就是種種運算舞臺上的演員。C++ 運算子的種類相當多,分門別類的執行各種計算功能,例如指派運算子、算術運算子、比較運算子、邏輯運算子、遞增遞減運算子,以及位元運算子等。

3-2-1 指定運算子

記得早期初學電腦時,最不能理解的就是等號「=」在程式語言中的意義。例如我們常看到下面這樣的指令:

```
sum=5;
sum=sum+1;
```

以往我們都認為那是一種傳統數學上相等或等於的觀念,那 sum=5 還說的通,至於 sum=sum+1 這道指令,當時可就讓人一頭霧水了!其實「=」在電腦運算中主要是當做「指定」(assign)的功能,各位可以想像成當宣告變數時會先在記憶體上安排位址,等到利用指定運算子(=)設定數值時,才將數值指定給該位址來儲存。而 sum=sum+1 可以看成是將 sum 位址中的原資料值加 1 後,再重新指定給 sum 的位址。

簡單來說,「=」符號稱為指定運算子(assignment operator),由至少兩個運算元組成,主要作用是將等號右方的值指派給等號左方的變數。以下是指定運算子的使用方式:

```
變數名稱 = 指定值 或 運算式;
```

在指定運算子（＝）右側可以是常數、變數或運算式，最終都將會值指定給左側的變數；而運算子左側也僅能是變數，不能是數值、函數或運算式等。例如：

```
a=5;
b=a+3;
c=a*0.5+7*3;
x-y=z;  // 不合法的使用，運算子左側只能是變數
```

此外，C++ 的指定運算子除了一次指定一個數值給變數外，還能夠同時指定同一個數值給多個變數。例如：

```
int a,b,c;
a=b=c=100;        // 同步指定值給不同變數
```

此時運算式的執行過程會由右至左，也就是變數 a、b 及 c 的內容值都是10。

3-2-2 算術運算子

算術運算子（Arithmetic Operator）是最常用的運算子類型，主要包含了數學運算中的四則運算，以及遞增、遞減、正 / 負數等運算子。算術運算子的符號與名稱如下表所示：

運算子	說明	使用語法	執行結果(A=25,B=7)
+	加	A + B	25+7=32
-	減	A - B	25-7=18
*	乘	A * B	25*7=175
/	除	A / B	25/7=3
%	取餘數	A % B	25%7=4
+	正號	+A	+25
-	負號	-B	-7

　　+-*/ 運算子與我們常用的數學運算方法相同,優先順序為「先乘除後加減」。而正負號運算子主要表示運算元的正 / 負值,通常設定常數為正數時可以省略 + 號,例如「a=5」與「a=+5」意義是相同的。而負號除了使常數為負數外,也可以使得原來為負數的數值變成正數。

　　餘數運算子「%」則是計算兩數相除後的餘數,而且這兩個運算元必須為整數、短整數或長整數型態。例如:

```
int a=10,b=7;
cout << a%b;     // 此行執行結果為 3
```

Tips

　餘數運算子 % 是用來計算兩個整數相除後的餘數,那如果是兩個浮點數的餘數呢?這時就要使用 C++ 函數庫中的 fmod(a,b) 函數即可,其中 a、b 為浮點數。但別忘了還要將 cmath 檔含括進來!

範例程式 **CH03_01.cpp** ▶ 以下程式範例是列印出 **A**、**B** 兩個運算元與各種算術運算子間的運算式關係,各位可以仔細比較運算後的結果。

```
01   include<iostream>
02
03   using namespace std;
04
05   int main()
06   {
07       int A=21,B=6;
08       // 算術運算子的各種運算與結果
09       cout<<"A=21,B=6"<<" A+B="<<A+B<<endl;
10       cout<<"A=21,B=6"<<" A-B="<<A-B<<endl;
11       cout<<"A=21,B=6"<<" A*B="<<A*B<<endl;
12       cout<<"A=21,B=6"<<" A/B="<<A/B<<endl;
13       cout<<"A=21,B=6"<<" A%B="<<A%B<<endl;// 餘數運算子的使用
14
15
16       return 0;
17   }
```

執行結果

```
A=21,B=6 A+B=27
A=21,B=6 A-B=15
A=21,B=6 A*B=126
A=21,B=6 A/B=3
A=21,B=6 A%B=3

-------------------------------
Process exited after 0.1214 seconds with return value 0
請按任意鍵繼續 . . .
```

程式解說

◆ 第 7 行：宣告兩個變數作為運算元。

◆ 第 13 行：餘數運算子的使用。

3-2-3 關係運算子

關係運算子的作用是用來比較兩個數值之間的大小關係，通常用於流程控制語法。當使用關係運算子時，所運算的結果只有布林資料型態（bool）的「真（true）」與「假（false）」兩種數值。如下表說明：

關係運算子	功能說明	用法	A=5，B=2
>	大於	A>B	5>2，結果為 true(1)
<	小於	A<B	5<2，結果為 false(0)
>=	大於等於	A>=B	5>=2，結果為 true(1)
<=	小於等於	A<=B	5<=2，結果為 false(0)
==	等於	A==B	5==2，結果為 false(0)
!=	不等於	A!=B	5!=2，結果為 true(1)

Tips

在 C++ 中的等號關係是「==」運算子，至於「=」則是指定運算子，這種差距很容易造成程式碼撰寫時的疏忽，請多加留意，日後程式除錯時，這可是熱門的小 bug 喔！

範例程式 CH03_02.cpp ▶ 以下程式範例是列印兩個運算元間各種關係運算子的真值表，以 0 表示結果為假，1 表示結果為真。

```
01  #include<iostream>
02
03  using namespace std;
04
05    int main()
06  {
07
08      int a=11,b=15; // 宣告兩個運算元
09      // 關係運算子運算關係
10      cout<<"a=11 , b=15\n"<<endl;
11      cout<<"-------------------------------------------"<<endl;
12      cout<<" 比較結果為真 , 則為 1... 比較結果為假 , 則為 0\n"<<endl;
13      cout<<"a>b, 比較結果為 "<<(a>b)<<endl;
14      cout<<"a<b, 比較結果為 "<<(a<b)<<endl;
15      cout<<"a==b, 比較結果為 "<<(a==b)<<endl;
16      cout<<"a!=b, 比較結果為 "<<(a!=b)<<endl;
17      cout<<"a>=b, 比較結果為 "<<(a>=b)<<endl;
18      cout<<"a<=b, 比較結果為 "<<(a<=b)<<endl;
19
20
21      return 0;
22    }
```

執行結果

```
a=11 , b=15

---------------------------------------------------
比較結果為真,則為1...比較結果為假,則為0

a>b,比較結果為 0
a<b,比較結果為 1
a==b,比較結果為 0
a!=b,比較結果為 1
a>=b,比較結果為 0
a<=b,比較結果為 1

---------------------------------------------------
Process exited after 0.0994 seconds with return value 0
請按任意鍵繼續 . . .
```

程式解說

◆ 第 8 行：宣告兩個運算元。

◆ 第 13 ～ 18 行：將 a 與 b 值的各種比較結果的布林值輸出。

3-2-4 邏輯運算子

邏輯運算子也是運用在邏輯判斷的時候，可控制程式的流程，通常是用在兩個表示式之間的關係判斷，經常與關係運算子合用，僅有「真（True）」與「假（False）」兩種值，並且分別可輸出數值「1」與「0」。C++ 中的邏輯運算子共有三種，如下表所示：

運算子	功能	用法
&&	AND	a>b && a<c
||	OR	a>b || a<c
!	NOT	!(a>b)

🪐 && 運算子

當 && 運算子（AND）兩邊的運算式皆為真（1）時，其執行結果才為真（1），任何一邊為假（0）時，執行結果都為假（0）。真值表如下：

&& 邏輯運算子		A	
		1	0
B	1	1	0
	0	0	0

🪐 ‖ 運算子

當 ‖ 運算子（OR）兩邊的運算式，只要其中一邊為真（1）時，執行結果就為真（1）。真值表如下：

‖ 邏輯運算子		A	
		1	0
B	1	1	1
	0	1	0

🪐 ! 運算子

! 運算子（NOT）是一元運算子，它會將比較運算式的結果做反相輸出，也就是傳回與運算元相反的值。真值表如下：

A	1	0
! 運算子	0	1

以下我們直接由例子來看看邏輯運算子的使用方式：

```
01  int result;
02  int a=5,b=10,c=6;
03  result = a>b && b>c;   //a>b 的傳回值與條件式 b>c 的傳回值做 AND 運算
04  result = a<b || c!=a;  //a<b 的傳回值與 c!=a 的傳回值做 OR 運算
05  result = !result;          // 將 result 的值做 NOT 運算
```

上述的例子中，第 03、04 行敘述分別以運算子 &&、|| 結合兩條件式，並將運算後的結果儲存到整數變數 result 中，在這裡由於 && 與 || 運算子的運算子優先權較關係運算子 >、<、!= 等來得低，因此運算時會先計算條件式的值，之後再進行 AND 或 OR 的邏輯運算。

第 05 行敘述則是以 ! 運算子進行 NOT 邏輯運算，取得變數 result 的反值（true 的反值為 false，false 的反值為 true），並將傳回值重新指派給變數 result，這行敘述執行後的結果會使得變數 result 的值與原來的相反。

3-2-5 位元邏輯運算子

位元邏輯運算子和我們上節所提的邏輯運算子並不相同，邏輯運算子是對整個數值做判斷，而位元邏輯運算子則是特別針對整數中的位元值做計算。C++ 中提供有四種位元邏輯運算子，分別是 &（AND）、|（OR）、^（XOR）與 ~（NOT）：

🪐 &（AND）

執行 AND 運算時，對應的兩字元都為 1 時，運算結果才為 1，否則為 0。例如：a=12，則 a&38 得到的結果為 4，因為 12 的二進位表示法為 1100，38 的二進位表示法為 0110，兩者執行 AND 運算後，結果為十進位的 4。如下圖所示：

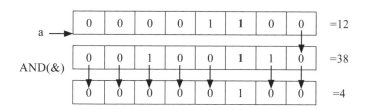

🪐 |（OR）

執行 OR 運算時，對應的兩字元只要任一字元為 1 時，運算結果為 1，也就是只有兩字元都為 0 時，才為 0。例如 a=12，則 a｜38 得到的結果為 46，如下圖所示：

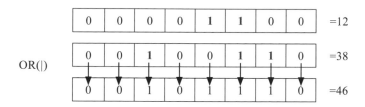

🪐 ^（XOR）

執行 XOR 運算時，對應的兩字元只有任一字元為 1 時，運算結果為 1，但是如果同時為 1 或 0 時，結果為 0。例如 a=12，則 a^38 得到的結果為 42，如下圖所示：

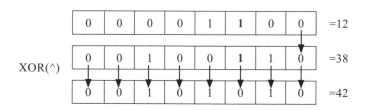

~（NOT）

NOT 作用是取 1 的補數（complement），也就是 0 與 1 互換。例如 a=12，二進位表示法為 1100，取 1 的補數後，由於所有位元都會進行 0 與 1 互換，因此運算後的結果得到 -13：

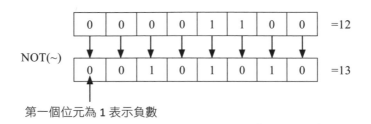

第一個位元為 1 表示負數

3-2-6 位元位移運算子

位元位移運算子可提供將整數值的位元向左或向右移動所指定的位元數，C 中提供有兩種位元邏輯運算子，分別是左移運算子（<<）與右移運算子（>>）：

<<（左移）

左移運算子（<<）可將運算元內容向左移動 n 個位元，左移後超出儲存範圍即捨去，右邊空出的位元則補 0。語法格式如下：

```
a<<n
```

例如運算式「12<<2」。數值 12 的二進位值為 1100，向左移動 2 個位元後成為 110000，也就是十進位的 48。如下圖所示。

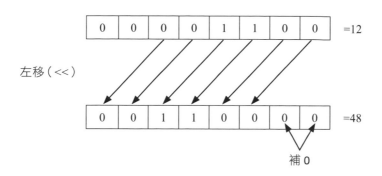

>>（右移）

右移運算子（>>）與左移相反，可將運算元內容右移 n 個位元，右移後超出儲存範圍即捨去。在此請注意，這時右邊空出的位元，如果這個數值是正數則補 0，負數則補 1。語法格式如下：

```
a>>n
```

例如運算式「12>>2」。數值 12 的二進位值為 1100，向右移動 2 個位元後成為 0011，也就是十進位的 3。如下圖所示。

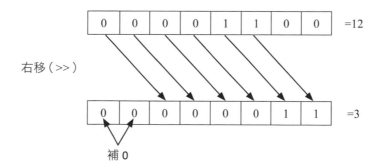

3-2-7 遞增與遞減運算子

接著要介紹的運算子相當有趣，也就是 C++ 中特有的遞增「++」及遞減運算子「--」。它們是針對變數運算元加減 1 的簡化寫法，屬於一元運算子的一種，可增加程式碼的簡潔性。如果依據運算子在運算元前後位置的不同，雖然都是對運算元做加減 1 的動作，遞增與遞減運算子還是可以細分成「前置型」及「後置型」兩種：

🪐 前置型

++ 或 -- 運算子放在變數的前方，是將變數的值先作 +1 或 -1 的運算，再輸出變數的值。例如：

```
++ 變數名稱 ;
-- 變數名稱 ;
```

🪐 後置型

++ 或 -- 運算子放在變數的後方，是代表先將變數的值輸出，再做 +1 或 -1 的動作。例如：

```
變數名稱 ++;
變數名稱 --;
```

在此要特別解說前置型式與後置型式的不同，請各位看仔細，例如以下前置型程式段：

```
int a,b;

a=5;
b=++a;
cout<<"a="<<a<<" b="<<b;
```

由於是前置型遞增運算子，所以必須先執行 a=a+1 的動作（a=6），再執行 b=a 的動作，因此會列印出 a=6,b=6。

那麼以下後置型程式段又有何不同呢：

```
int a,b;

a=5;
b=a++;
cout<<"a="<<a<<" b="<<b;
```

由於是後置型遞增運算子，所以必須先輸出 b=a（此時 a=5），再執行 a=a+1 的動作，因此會列印出 a=6,b=5。至於遞減運算子的情況也是相同，只不過是執行減一的動作，各位可自行研究。

範例程式 CH03_03.cpp ▶ 以下程式範例將實際示範前置型遞增運算子、前置型遞減運算子、後置型遞增運算子、後置型遞增運算子在運算前後的執行過程，請各位比較執行結果後，自然就能夠融匯貫通，知道兩者的差別所在。

```
01  #include<iostream>
02
03  using namespace std;
04
05  int main()
06  {
07      int a,b;
08
09      a=5;
10      cout<<"a="<<a;
11      b=++a;
12      cout<<" 前置型遞增運算子 :b=++a 後 a="<<a<<",b="<<b<<endl;
13      // 前置型遞增運算子
14      cout<<"-------------------------------------------"<<endl;
15      a=5;
16      cout<<"a="<<a;
17      b=a++;
18      cout<<" 後置型遞增運算子 :b=a++ 後 a="<<a<<",b="<<b<<endl;
19      // 後置型遞增運算子
20      cout<<"-------------------------------------------"<<endl;
21      a=5;
22      cout<<"a="<<a;
23      b=--a;
24      cout<<" 前置型遞減運算子 :b=--a 後 a="<<a<<",b="<<b<<endl;
```

```
25        // 前置型遞減運算子
26        cout<<"--------------------------------------------"<<endl;
27        a=5;
28        cout<<"a="<<a;
29        b=a--;
30        cout<<" 後置型遞減運算子 :b=a-- 後 a="<<a<<",b="<<b<<endl;
31        // 後置型遞減運算子
32        cout<<"--------------------------------------------"<<endl;
33
34
35        return 0;36    }
```

執行結果

```
a=5前置型遞增運算子:b=++a 後 a=6,b=6
--------------------------------------------
a=5後置型遞增運算子:b=a++ 後 a=6,b=5
--------------------------------------------
a=5前置型遞減運算子:b=--a 後 a=4,b=4
--------------------------------------------
a=5後置型遞減運算子:b=a-- 後 a=4,b=5
--------------------------------------------

--------------------------------------------
Process exited after 0.1303 seconds with return value 0
請按任意鍵繼續 . . . ■
```

程式解說

◆ 第 11 行：前置型遞增運算子。

◆ 第 17 行：後置型遞增運算子。

◆ 第 23 行：前置型遞減運算子。

◆ 第 29 行：後置型遞減運算子。

3-2-8 條件運算子

條件運算子（?:）是 C++ 語言中唯一的「三元運算子」，它可以藉由判斷式的真假值，來傳回指定的值。使用語法如下所示：

```
判斷式 ? 運算式 1: 運算式 2
```

條件運算子首先會執行判斷式，如果判斷式的結果為真，則會執行運算式 1；如果結果為假，則會執行運算式 2。例如我們可以利用條件運算子來判斷所輸入的數字為偶數與奇數：

```
int number;
cin>>number;
(number%2==0)? cout<<" 輸入數字為偶數 "<<endl : cout<<" 輸入數字為奇數 "<<endl;
```

範例程式 **CH03_04.cpp** ▶ 以下程式範例是利用條件運算子來判斷所輸入的數字為偶數或奇數，並列印其最後的判斷結果。

```
01  #include<iostream>
02
03  using namespace std;
04
05  int main()
06  {
07      int number;
08      // 判斷數字為偶數或奇數
09      cout<<" 請輸入數字 : ";
10      cin>>number;// 輸入數字
11
12      // 條件運算子的使用
13      (number%2==0)? cout<<" 輸入數字為偶數 "<<endl
14                      :cout<<" 輸入數字為奇數 "<<endl;
15
16      return 0;
17  }
```

執行結果

```
請輸入數字: 12
輸入數字為偶數

-----------------------------------
Process exited after 5.298 seconds with return value 0
請按任意鍵繼續 . . .
```

程式解說

◆ 第 13 行：將 ?: 運算子應用在程式指令中，可用來代替 if else 條件指令。
  當輸入的數字被 2 整除時，列印出所輸入數字為偶數，當輸入的數字不被
  2 整除時，則列印出所輸入數字為奇數。

3-2-9 複合指定運算子

複合指定運算子（Compound Assignment Operators）是由指派運算子
「=」與其它運算子結合而成。先決條件是「=」號右方的來源運算元必須有一
個是和左方接收指定數值的運算元相同。語法格式如下：

```
a op= b;
```

此運算式的含意是將 a 的值與 b 的值以 op 運算子進行計算，然後再將結
果指定給 a。例如變數 a 的初始值為 5，經過運算式「a+=3」的運算後，a 的值
會成為 8。其中「op=」運算子則有以下幾種：

運算子	說明	使用語法
+=	加法指定運算	A += B
-=	減法指定運算	A -= B
*=	乘法指定運算	A *= B
/=	除法指定運算	A /= B
%=	餘數指定運算	A %= B
&=	AND 位元指定運算	A &= B
|=	OR 位元指定運算	A |= B
^=	NOT 位元指定運算	A ^= B
<<=	位元左移指定運算	A <<= B
>>=	位元右移指定運算	A >>= B

★ 課後評量

1. 請排出下列運算子的優先順序？

   (A)+ (B)<< (C)* (D) += (e) & 。

2. 請問下面的程式碼輸出結果為何？

```
01  #include <iostream>
02  int main(){
03      int a=23,b=20;
04      cout<<a & b<<endl;
05      cout<<a | b<<endl;
06      cout<<a ^ b<<endl;
07      cout<<a && b<<endl;
08      cout<<a || b<<endl;
09      return 0;
12  }
```

3. 請問下面的程式碼輸出結果為何？

```
01  #include <stdio.h>
02  int main(){
03      int A=23,B=0,C;
04      C=A&B&&B&C;
05      cout<<"C="<<C<<endl;
06      return 0;
07  }
```

4. a=15，則「a&10」的結果值為何？

5. 已知 a=b=5，x=10、y=20、z=30，請計算 x*=a+=y%=b-=z/=3，最後 x 的值。

6. 何謂二元運算子？請簡述之。

APCS 檢定考古題

1. 假設 x,y,z 為布林（boolean）變數，且 x=TRUE, y=TRUE, z=FALSE。請問下面各布林運算式的真假值依序為何？（TRUE 表真，FALSE 表假）〈105 年 10 月觀念題〉

   - !(y || z)|| x
   - !y ||(z || !x)
   - z ||(x &&(y || z))
   - (x || x) && z

   (A) TRUE FALSE TRUE FALSE　　　　(B) FALSE FALSE TRUE FALSE

   (C) FALSE TRUE TRUE FALSE　　　　(D) TRUE TRUE FALSE TRUE

   解答 (A) TRUE FALSE TRUE FALSE

2. 若要邏輯判斷式 !(X_1 || X_2) 計算結果為真（True），則 X_1 與 X_2 的值分別應為何？〈106 年 3 月觀念題〉

   (A) X_1 為 False，X_2 為 False　　(B) X_1 為 True，X_2 為 True

   (C) X_1 為 True，X_2 為 False　　(D) X_1 為 False，X_2 為 True

   解答 (A) X_1 為 False，X_2 為 False

3. 若 a, b, c, d, e 均為整數變數，下列哪個算式計算結果與 a+b*c-e 計算結果相同？〈106 年 3 月觀念題〉

   (A) (((a+b)*c)-e)　　　　　　(B) ((a+b)*(c-e))

   (C) ((a+(b*c))-e)　　　　　　(D) (a+((b*c)-e))

   解答 (C) ((a+(b*c))-e)

流程控制
必修攻略

經過近數十年來程式語言的不斷發展，結構化程式設計的趨勢慢慢成為程式開發的一種主流概念，其主要精神與模式就是將整個問題從上而下，由大到小逐步分解成較小的單元，這些單元稱為模組（module），也就是我們之前所提到的函數。

除了模組化設計，所謂「結構化程式設計」（Structured Programming）的特色，還包括三種流程控制結構：「循序結構」（Sequential structure）、「選擇結構」（Selection structure）以及「重複結構」（repetition structure）。也就是說，對於一個結構化設計程式，不管其程式結構如何複雜，皆可利用這三種流程控制結構來加以表達與陳述。

程式運作流程就像四通八達的公路

4-1 循序結構

循序結構就是程式指令由上而下逐一執行，如下圖所示：

4-1-1 程式區塊

我們知道指令（statement），是 C++ 最基本的執行單位，每一行指令都必需加上分號（;）作為結束。在 C++ 程式中，我們可以使用大括號 {、} 將多個指令包圍起來，這樣以大括號包圍的多行指令，就稱作程式區塊（statement block）。形式如下所示：

```
{
    程式指令;
    程式指令;
    程式指令;
}
```

在 C/C++ 中，程式區塊可以被看作是一個最基本的指令區，使用上就像一般的程式指令，而它也是循序結構中的最基本單元。我們將上面的形式改成如下表示，各位可能會比較清楚：

```
{ 程式指令; 程式指令; 程式指令;}
```

C/C++ 語言的選擇結構與重複結構會經常使用到這樣的程式區塊，只要記住這個觀念，程式區塊在分析與撰寫程式時可比較容易閱讀與了解。

範例程式 **CH04_01.cpp** ▶ 以下這個程式範例就是一種循序結構的流程，由使用者輸入攝氏溫度值，再將它再轉換為華氏溫度後輸出。

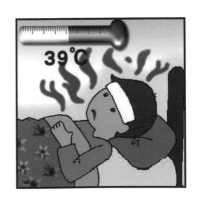

公式：華氏＝ (9* 攝氏)/5+32

```
01   #include <iostream>
02
03   using namespace std;
04
05   int main()
06   {
07       // 宣告變數
08       float c, f;
09       // 輸入攝氏溫度
10       cout << " 請輸入攝氏溫度:";
11       cin >> c;       // 運算式
12       f=(9*c)/5+32; // 顯示華氏溫度
13       cout << " 攝氏 " << c << " 度 = 華氏 " << f << " 度 \n";
14
15
16       return 0;
17
18   }
```

執行結果

```
請輸入攝氏溫度:38
攝氏38度 = 華氏100.4度

--------------------------------
Process exited after 2.932 seconds with return value 0
請按任意鍵繼續 . . .
```

程式解說

◆ 第 11 行:將所輸入的值存放在浮點數變數 c。

◆ 第 12 行:將華氏溫度轉換公式計算後的值存放在變數 f。

◆ 第 13 行:輸出攝氏與華式溫度。

4-2 選擇結構

選擇結構（Selection structure）是一種條件控制指令，包含有一個條件判斷式，如果條件為真，則執行某些指令，一旦條件為假，則執行另一些指令，選擇結構的條件指令是讓程式能夠選擇應該執行的程式碼，就好比各位開車到十字路口，可以根據不同的狀況來選擇需要的路徑。如右圖所示：

選擇結構就像馬路的十字路口

選擇結構必須配合邏輯判斷式來建立條件指令，C++ 中提供了四種條件控制指令，分別是 if 條件指令、if-else 條件指令、條件運算子以及 switch 指令等。

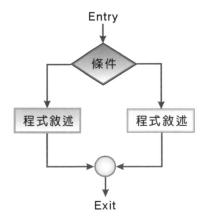

4-2-1 if 條件指令

if 指令是最簡單的一種條件判斷式，可先行判斷條件的結果是否成立，再依照結果來決定所要執行的指令內容。語法格式如下：

```
if (條件運算子)
{
    程式指令區塊;

}
```

例如以下 C++ 程式片段：

```
if(score>=60)
{
    cout<< " 成績及格 :"<<endl;
}
```

如果 {} 區塊內的指令僅包含一個，則可省略括號 {}，並改寫如下：

```
if(score>60)
    cout<<" 成績及格 !"<<endl;
```

if 條件指令的流程圖如下所示：

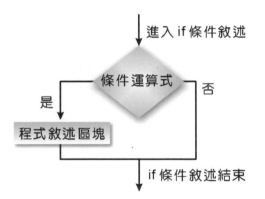

進入 if 條件敘述

條件運算式

是   否

程式敘述區塊

if 條件敘述結束

範例程式 **CH04_02.cpp** ▶ 以下範例是讓各位輸入停車時數，以一小時 **50** 元收費，當大於一小時才開始收費，並列印出停車時數及總費用。

```
01  #include<iostream>
02
03  using namespace std;
04
05  int main()
06  {
07      float t,total;
08      cout<<" 停車超過一小時，每小時收費 50 元 "<<endl;
09      cout<<"------------------------------------"<<endl;
10      cout<<" 請輸入停車幾小時： ";
11      cin>>t;     // 輸入時數
12
13      if(t>=1)//if 判斷式
14      {
15          total=t*50;    // 計算費用
16          cout<<" 總額為 :"<<total<<" 元 "<<endl;
17      }
18
19      return 0;
20  }
```

執行結果

```
停車超過一小時,每小時收費50元
------------------------------------
請輸入停車幾小時: 7
總額為:350元

------------------------------
Process exited after 22.89 seconds with return value 0
請按任意鍵繼續 . . .
```

程式解說

◆ 第 11 行：輸入停車時數。

◆ 第 13 行：利用 if 指令，當輸入的數字大於 1 時，會執行後方程式碼第 13 ～ 17 行。

4-2-2 if-else 條件指令

之前介紹例子的都是條件成立時才執行 if 指令下的程式，那如果說條件不成立時，也想讓程式做點事情該怎麼辦呢？這時 if-else 條件指令就派上用場了。if-else 指令提供了兩種不同的選擇，當 if 的判斷條件（Condition）成立時（傳回 1），將執行 if 程式指令區內的程式；否則執行 else 程式指令區內的程式後結束 if 指令。如下圖所示：

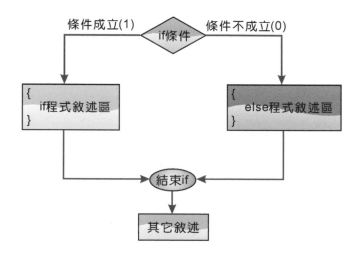

if-else 指令的語法格式如下所示：

```
if （條件運算式）
{

    程式指令區塊；

}
else
{

    程式指令區塊；

}
```

當然，如果 if-else{} 區塊內僅包含一個程式指令，則可省略括號 {}，語法如下所示：

```
if ( 條件運算式 )
    程式指令 ;
else
    程式指令 ;
```

和 if 指令一樣，在 else 指令下所要執行的程式可以是單行或是用大括號 { } 所包含多行程式碼。

範例程式 **CH04_03.cpp** ▶ 以下程式範例是利用 if else 條件指令來判斷所輸入的國文成績是否及格，如果大於或等於 **60** 則列印 **" 本科成績及格 ."**，否則列印 **" 本科成績不及格 ."**。

```
01   #include <iostream>
02
03
04   using namespace std;
05
06   int main()
07   {
08
09       int score=0; // 宣告整數變數
10
11       cout<<" 請輸入國文成績 :";
12       cin>>score; // 輸入國文成績
13
14       if(score>=60) //if else 判斷式
15           cout<<" 本科成績及格 ."<<endl;
16       else
17           cout<<" 本科成績不及格 ."<<endl;
18
19
20       return 0;
21   }
```

執行結果

```
請輸入國文成績:85
本科成績及格.

-----------------------------------
Process exited after 9.345 seconds with return value 0
請按任意鍵繼續 . . .
```

程式解說

- ◆ 第 12 行：輸入國文成績。
- ◆ 第 15 行：當輸入成績大於或等於 60 時，就會執行此行的指令。
- ◆ 第 17 行：當輸入成績小於 60 時，則執行此行的指令。

4-2-3 if else if 條件指令

在某些判斷條件情況複雜的情形下，有時會出現 if 條件敘述所包含的複合敘述中，又有另外一層的 if 條件敘述。這樣多層的選擇結構，就稱作巢狀（nested）if 條件敘述。由於在 C++ 中並非每個 if 都會有對應的 else，但是千萬要記住 -else 一定對應最近的一個 if。

if else if 條件指令是一種多選一的條件指令，讓使用者在 if 指令和 else if 中選擇符合條件運算式的程式指令區塊，如果以上條件運算式都不符合，就執行最後的 else 指令，或者這也可看成是一種巢狀 if else 結構。語法格式如下：

```
if( 條件運算式 )
{
       程式指令區塊；
}
else if( 條件運算式 )
{
       程式指令區塊；
}
......
else{

       程式指令區塊；

}
```

　　C++ 中並沒有 else if 這樣的語法，以上語法結構只是將 if else 指令接在 else 之後。通常為了增加程式可讀性與正確性，最好將對應的 if-else 以括號 {} 包含在一起，並且利用縮排效果來增加可讀性。以下為 if else if 條件指令的流程圖：

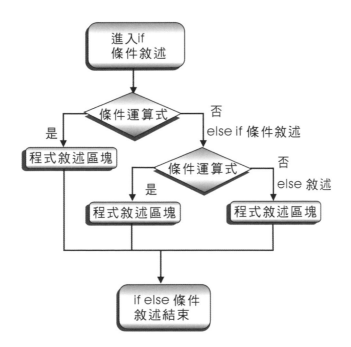

範例程式 **CH04_04.cpp** ▶ 以下這個成績判斷程式，使用巢狀 **if** 條件敘述的形式，對於輸入的分數超出 **0** 到 **100** 分的範圍時，顯示輸入不符的訊息。

```cpp
01  #include <iostream>
02
03  using namespace std;
04
05  int main()
06  {
07      int Score;                          // 定義整數變數 Score，儲存學生成績
08
09      cout << " 輸入學生的分數 :";
10      cin >> Score;
11
12      if ( Score > 100 )                  // 判斷是否超過 100
13          cout << " 輸入的分數超過 100." << endl;
14      else if ( Score < 0 )               // 判斷是否低於 0
15          cout << " 怎麼會有負的分數 ??" << endl;
16      else if ( Score >= 60 )             // 輸入的分數介於 0-100
17          // 判斷是否及格
18          cout << " 得到 " << Score << " 分，還不錯唷 ...";
19      else
20          cout << " 不太理想喔 ...，只考了 " << Score << " 分 ";
                                            // 分數不及格的情況
21      cout << endl;                       // 換行
22
23
24      return 0;
25  }
```

執行結果

```
輸入學生的分數:54
不太理想喔...，只考了 54 分

-----------------------------------
Process exited after 5.81 seconds with return value 0
請按任意鍵繼續 . . .
```

程式解說

- ◆ 第 7 行：定義整數變數 Score，用來儲存學生成績。
- ◆ 第 12 ～ 20 行：使用巢狀 if 條件敘述，輸入分數超過限定值範圍時（0-100），會顯示輸入錯誤訊息。
- ◆ 第 16 ～ 20 行：只有輸入分數在限定值之內時，程式才會執行，並依成績是否及格來顯示相關提示的訊息。

4-2-4 switch 選擇指令

if…else if 條件指令雖然可以達成多選一的結構，可是當條件判斷式增多時，使用上就不如本節中要介紹的 switch 條件指令來得簡潔易懂，特別是過多的 else-if 指令常會造成日後程式維護的困擾。以下我們先利用流程圖來簡單說明 switch 指令的執行方式：

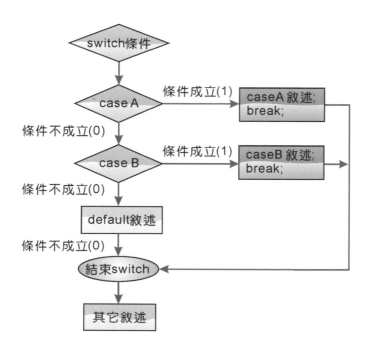

switch 條件指令的語法格式如下：

```
switch（運算式）
{
    case 判斷值 1：
            程式指令 1；
                :
            break;
    case 判斷值 2：
            程式指令 2；
                :
            break;
    :
    case 判斷值 n：
            程式指令 n；
                :
            break;
    :
    default：
            default 區程式指令：
                :
}
```

首先來看看 switch 的括號（）部份，其中所放的指令是要與在大括號 { }
裡的 case 標籤內所定義之值做比對的變數。當取出變數中的數值之後，程式開
始與先前定義在 case 之內的數字或字元作比對，如果符合就執行該 case 下的
程式碼，直到遇到 break 之後離開 switch 指令區塊，如果沒有符合的數值或字
元，程式會跑去執行 default 下的程式碼。

至於 default 標籤的使用上是可有可無，如果我們要去處理一些條件式結
果值並不在預先定義的傳回值內時，便可在 default 標籤下來定義要執行的程
式碼。不過使用 switch 指令時要注意到，在每一個執行程式區段的最後要加上
break 指令來結束此段程式碼的執行，不然程式會循序執行直到遇見 break 指令
或是整個 switch 區段結束為止。

範例程式 **CH04_05.cpp** ▶ 以下程式範例是利用 switch 條件指令來輸入所要旅遊的地點，並分別顯示其套裝行程的價格。其中輸入字元時，大小寫字母都可代表同一地點，並利用 **break** 的特性，設定多重的 **case** 條件。

```
01    #include <iostream>
02
03    using namespace std;
04
05    int main()
06    {
07        char select;
08
09        cout<<"(A) 義大利 "<<endl;
10        cout<<"(B) 巴黎 "<<endl;
11        cout<<"(C) 日本 "<<endl;
12        cout<<" 請輸入您要旅遊的地點："；
13        cin>>select;                          // 輸入字元並存入變數
14
15        switch(select)
16        {
17        case 'a':
18        case 'A':                             // 如果 select 等於 'A' 或 'a'
19            cout<<" ★義大利 5 日遊 $35000"<<endl; // 則顯示文字
20            break;                            // 跳出 switch
21        case 'b':
22        case 'B':                             // 如果 select 等於 'B' 或 'b'
23            cout<<" ★巴黎 7 日遊 $40000"<<endl;  // 則顯示文字 */
24            break;                            // 跳出 switch
25        case 'c':
26        case 'C':                             // 如果 select 等於 'C' 或 'c'
27            cout<<" ★日本 5 日遊 $25000"<<endl;  // 則顯示文字
28            break;                            // 跳出 switch
29        default:     // 如果 select 不等於 ABC 或 abc 任何一個字母
30            cout<<" 選項錯誤 "<<endl;
```

```
31      }
32
33
34      return 0;
35  }
```

執行結果

```
<A> 義大利
<B> 巴黎
<C> 日本
請輸入您要旅遊的地點：A
★義大利5日遊 $35000

------------------------------------
Process exited after 11.77 seconds with return value 0
請按任意鍵繼續 . . .
```

程式解說

◆ 第 15 行：依據輸入的 select 字元決定執行哪一行的 case。

◆ 第 17 ～ 31 行：例如當輸入字元為 'a' 或 'A' 時，會輸出 " ★義大利 5 日遊 $35000" 字串。break 代表的是跳出 switch 條件指令，不會執行下一個 case 指令。

◆ 第 30 行：若輸入的字元都不符合所有 case 條件，會執行 default 後的程式指令區塊。

4-3 重複結構

　　重複結構就是一種迴圈控制格式，根據所設
立的條件，重複執行某一段程式指令，直到條件
判斷不成立，才會跳出迴圈。例如想要讓電腦在
螢幕上印出 100 個字元 'A'，並不需要大費周章地
撰寫 100 次 cout 指令，這時只需要利用重複結構
就可以輕鬆達成。在 C/C++ 中，提供了 for、while
以及 do-while 三種迴圈指令來達成重複結構的效
果。在尚未開始正式介紹之前，我們先來快速簡
介這三種迴圈指令的特性及使用時機：

迴圈的功用就像玩具陀螺
不斷重複旋轉

迴圈種類	功能說明
for 指令	適用於計數式的條件控制，使用者已事先知道迴圈要執行的次數。
while 指令	迴圈次數為未知，必須滿足特定條件，才能進入迴圈，同樣的，只有不滿足條件測試後，迴圈才會結束。
do-while 指令	會至少先執行一次迴圈內的指令，再進行條件測試。

4-3-1 for 迴圈指令

　　for 迴圈又稱為計數迴圈，是程式設計中較常使用的一種迴圈型式，可以重
複執行固定次數的迴圈，不過必須事先設定迴圈控制變數的起始值、執行迴圈
的條件運算式與控制變數更新的增減值。語法格式如下：

```
for ( 控制變數起始值； 條件運算式；控制變數更新的增減值 )
{
    程式指令區塊；
}
```

執行步驟說明如下：

① 設定控制變數起始值。

② 如果條件運算式為真，則執行 for 迴圈內的指令。

③ 執行完成之後，增加或減少控制變數的值，可視使用者的需求來作控制，再重複步驟 2。

④ 如果條件運算式為假，則跳離 for 迴圈。

此外，我們還是要強調一點，在 for 迴圈中的三個控制項必須以分號（；）分開，而且一定要設定跳離迴圈的條件以及控制變數的遞增或遞減值，否則會造成無窮迴路。

以下為 for 迴圈指令的流程圖：

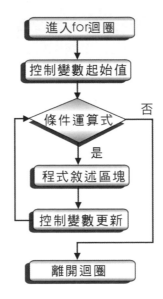

範例程式 CH04_06.cpp ▶ 以下程式範例是利用 **for** 迴圈來計算 **1** 加到 **10** 的累加值，是相當經典的 **for** 迴圈教學範例。

```
01    #include <iostream>
02
03    using namespace std;
04
05    int main()
06    {
07        int i,sum=0;
08
09        for (i=1;i<=10;i++)              // 定義 for 迴圈
10            sum+=i;                      //sum=sum+i
11
12        cout<<"1+2...10="<<sum<<endl;   // 印出 sum 的值
13
14
15        return 0;
16    }
```

執行結果

```
1+2...10=55

-----------------------------------
Process exited after 0.1481 seconds with return value 0
請按任意鍵繼續 . . .
```

程式解說

◆ 第 7 行：宣告迴圈控制變數 i，也可以直接在第 10 行 for 迴圈中直接作宣告和設定初始值。但請注意！如果直接在迴圈中宣告 i，則 i 則為一種區域變數，也就是只能在 for 迴圈的程式區塊內使用。

◆ 第 9 行：迴圈重複條件為 i 小於等於 10，i 的遞增值為 1，所以當 i 大於 10 時，就會離開 for 迴圈。

◆ 第 10 行：將 i 的值累加到 sum 變數。

接下來還要為各位介紹一種 for 的巢狀迴圈（Nested loop），也就是多層次的 for 迴圈結構。在巢狀 for 迴圈結構中，執行流程必須先等內層迴圈執行完畢，才會逐層繼續執行外層迴圈。例如兩層式的巢狀 for 迴圈結構格式如下：

```
for(控制變數起始值1; 迴圈重複條件式; 控制變數增減值)
{

    程式指令;

    for(控制變數起始值2; 迴圈重複條件式; 控制變數增減值)
    {

        程式指令;

    }
}
```

範例程式 **CH04_07.cpp** ▶ 以下程式範例是利用利用巢狀 **for** 迴圈來設計的九九乘法表列印實作，其中兩個 **for** 迴圈的執行次數都是 **9** 次。

```cpp
01   #include <iostream>
02
03   using namespace std;
04
05   int main()
06   {
07       int Mul_1, Mul_2;                        // 定義整數變數 Mul_1、Mul_2
08
09       for (Mul_1=1; Mul_1 <= 9; Mul_1++)      // 第一層 for 迴圈
10       {                                        // 整數變數 Mul_1 作為乘數
11           for (Mul_2=2; Mul_2 <= 9; Mul_2++) // 第二層 for 迴圈
12           {   // 整數變數 Mul_2 作為被乘數
13               // 顯示訊息與運算結果。
14                cout << Mul_2 << '*' << Mul_1 << '=' << Mul_2*Mul_1 << ' ';
15
16               // 相乘後的數值若只有個位數，則輸出空白字元，調整輸出。
17               if ( Mul_1*Mul_2 < 10 ) cout << ' ';
18           }
19
20           cout << endl; // 換行
```

```
21        }
22
23        return 0;
24  }
```

執行結果

```
2*1=2   3*1=3   4*1=4  5*1=5  6*1=6   7*1=7   8*1=8  9*1=9
2*2=4   3*2=6   4*2=8  5*2=10 6*2=12  7*2=14  8*2=16 9*2=18
2*3=6   3*3=9   4*3=12 5*3=15 6*3=18  7*3=21  8*3=24 9*3=27
2*4=8   3*4=12  4*4=16 5*4=20 6*4=24  7*4=28  8*4=32 9*4=36
2*5=10  3*5=15  4*5=20 5*5=25 6*5=30  7*5=35  8*5=40 9*5=45
2*6=12  3*6=18  4*6=24 5*6=30 6*6=36  7*6=42  8*6=48 9*6=54
2*7=14  3*7=21  4*7=28 5*7=35 6*7=42  7*7=49  8*7=56 9*7=63
2*8=16  3*8=24  4*8=32 5*8=40 6*8=48  7*8=56  8*8=64 9*8=72
2*9=18  3*9=27  4*9=36 5*9=45 6*9=54  7*9=63  8*9=72 9*9=81

----------------------------------
Process exited after 0.2174 seconds with return value 0
請按任意鍵繼續 . . .
```

程式解說

◆ 第 9～21 行：使用 2 層的 for 迴圈，第一層 for 迴圈負責乘數（整數變數 Mul_1）遞增運算，第二層 for 迴圈負責被乘數（整數變數 Mul_2）遞增與執行結果的顯示。

◆ 第 14 行：顯示訊息與運算結果。

◆ 第 17 行：相乘後的數值若只有個位數，則輸出空白字元，調整輸出。

4-3-2 while 迴圈

如果所要執行的迴圈次數確定，那麼使用 for 迴圈指令就是最佳選擇。但對於某些不確定次數的迴圈，while 迴圈就可以派上用場了。while 結構與 for 結構類似，都是屬於前測試型迴圈，也就是必須滿足特定條件，才能進入迴圈。兩者之間最大不同處是在於 for 迴圈需要給它一個特定的次數；而 while 迴圈則不需要，它只要在判斷條件持續為 true 的情況下就能一直執行。

while 迴圈內的指令可以是一個指令或是多個指令形成的程式區塊。同樣地,如果有多個指令在迴圈中執行,就可以使用大括號括住。以下是 while 指令執行的流程圖:

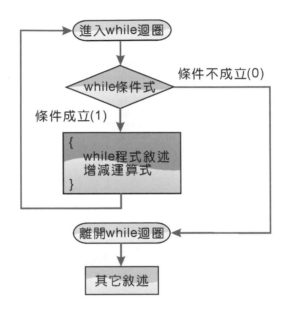

while 迴圈的使用還必須自行加入起始值與設定一個變數作為計數器,當每執行一次迴圈,在程式區塊指令中計數器的值必須要改變,否條件式永遠成立時,也將會造成所謂無窮迴圈。while 指令的語法如下:

```
while(重複條件式)
{
    程式指令;

}
```

範例程式 CH04_08.cpp ▶ 以下程式範例是利用利用 **while** 迴圈讓使用者輸入 **n** 值，並分別計算 **1!** 到 **n!** 的值。程式碼中的 **i** 就是 **while** 迴圈中控制迴圈執行次數的計數器。

```
01   #include<iostream>
02
03   using namespace std;
04
05   int main()
06   {
07       int n,sum=1,i=1; // 宣告變數與設定起始值
08       cout<<" 請輸入到第幾階層 :";
09       cin>>n; // 輸入 n 值
10
11       while(i<=n)
12       {
13           sum=i*sum;// 控制迴圈的條件式
14           cout<<endl<<i<<"!="<<sum;
15           i++; // 執行迴圈一次則加一
16       }
17
18       cout<<endl;
19
20
21       return 0;
22   }
```

執行結果

```
請輸入到第幾階層:8

1!=1
2!=2
3!=6
4!=24
5!=120
6!=720
7!=5040
8!=40320

_____
Process exited after 1.874 seconds with return value 0
請按任意鍵繼續 . . .
```

程式解說

- ◆ 第 11 行：設定 while 迴圈的條件運算式，其中 i 為計數器。
- ◆ 第 13 行：設定 i 與 sum 的乘積。
- ◆ 第 14 行：印出 i! 的連乘積。

4-3-3 do while 迴圈指令

do-while 迴圈指令與 while 迴圈指令稱得上是同父異母的兄弟，兩者間最大的不同在於 do-while 迴圈指令是屬於後測試型迴圈。也就是說，do-while 迴圈指令無論如何一定會先執行一次迴圈內的指令，然後才會測試條件式是否成立，如果成立的話，再返回迴圈起點重複執行指令。也就是說，do-while 迴圈內的程式指令，無論如何至少會被執行一次。

```
do
{

    程式指令區塊；

}while(條件運算式)；   // 和 while 迴圈不同, 此處必須加上 ;
```

以下為 do while 迴圈指令的流程圖：

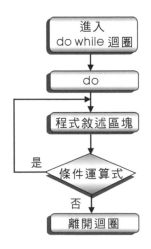

範例程式 **CH04_09.cpp** ▶ 以下程式範例是利用 **do while** 迴圈指令來由使用者輸入 **n** 值，當 **n** 小於或等於 **10** 時才進行 **1** 到 **n** 的累加計算。不過當 **n** 大於 **10** 時，**do while** 指令還是會執行一次迴圈內的指令。

```cpp
01   #include <iostream>
02
03   using namespace std;
04
05   int main()
06   {
07       int sum=0,n,i=0;
08       cout<<" 請輸入 n 值：";
09       cin>>n;
10
11       //do while 條件式
12
13       do {
14           sum+=i;
15           cout<<"i="<<i<<" sum="<<sum<<endl;      // 印出 i 和 sum 的值
16           i++;
17       }while(n<=10 && i<=n) ;                      // 判斷迴圈結束條件
18
19
20       return 0;
21   }
```

執行結果

```
請輸入n值：8
i=0 sum=0
i=1 sum=1
i=2 sum=3
i=3 sum=6
i=4 sum=10
i=5 sum=15
i=6 sum=21
i=7 sum=28
i=8 sum=36

------------------------------------
Process exited after 9.6 seconds with return value 0
請按任意鍵繼續 . . .
```

程式解說

- ◆ 第 9 行：輸入所求的整數。
- ◆ 第 13 行：do-while 指令是先執行後判斷，因此一定會先執行一次迴圈內的指令。
- ◆ 第 17 行：判斷迴圈結束條件，結尾記得要加上分號。

4-3-4 迴圈控制指令

事實上，迴圈並非一成不變的重複執行，可以藉由迴圈控制指令，來更有效的運用迴圈功能，例如必須中斷，讓迴圈提前結束。在 C 中各位可以使用 break 或 continue 指令，或是使用 goto 指令直接將程式流程改變至任何想要的位置。以下我們就來介紹兩種流程控制的指令。

break 指令

break 指令就像它的英文意義一般，代表中斷的意思，各位在 switch 指令部份就使用過了。break 指令也可以用來跳離迴圈的執行，在例如 for、while 與 do while 中，主要用於中斷目前的迴圈執行，如果 break 並不是出現內含在 for、while 迴圈中或 switch 指令中，則會發生編譯錯誤。語法格式相當簡單，如下所示：

```
break;
```

break 指令通常會與 if 條件指令連用，用來設定在某些條件一旦成立時，即跳離迴圈的執行。由於 break 指令只能跳離本身所在的這一層迴圈，如果遇到巢狀迴圈包圍時，可就要逐層加上 break 指令。

範例程式 **CH04_10.cpp** ▶ 以下程式範例是利用 **break** 指令來控制九九乘法表的 列印程式，由使用者輸入數字，並列印此數字之前的九九乘法表項目。

```cpp
01    #include<iostream>
02
03    using namespace std;
04
05    int main()
06    {
07        int number;
08        int i,j;
09
10        cout<<" 輸入數字 , 列印此數字之前的九九乘法表項目 :";
11        cin>>number;
12        // 九九乘法表的雙重迴圈
13
14        for(i=1; i<=9; i++)
15        {
16            for(j=1; j<=9; j++)
17            {
18                if(j>=number)
19                    break;// 設定跳出的條件
20                cout<<j<<"*"<<i<<"="<<i*j<<'\t';// 加入跳格字元
21            }
22            cout<<endl;
23        }
24
25
26        return 0;
27    }
```

執行結果

```
輸入數字,列印此數字之前的九九乘法表項目:6
1*1=1      2*1=2      3*1=3      4*1=4      5*1=5
1*2=2      2*2=4      3*2=6      4*2=8      5*2=10
1*3=3      2*3=6      3*3=9      4*3=12     5*3=15
1*4=4      2*4=8      3*4=12     4*4=16     5*4=20
1*5=5      2*5=10     3*5=15     4*5=20     5*5=25
1*6=6      2*6=12     3*6=18     4*6=24     5*6=30
1*7=7      2*7=14     3*7=21     4*7=28     5*7=35
1*8=8      2*8=16     3*8=24     4*8=32     5*8=40
1*9=9      2*9=18     3*9=27     4*9=36     5*9=45

------------------------------------
Process exited after 4.449 seconds with return value 0
請按任意鍵繼續 . . .
```

程式解說

- ◆ 第 11 行：輸入數字。
- ◆ 第 18 行：設定當 j 大於或等於所輸入數字時，就跳出內層迴圈，再從外層的 for 迴圈執行。
- ◆ 第 20 行：加入跳格字元。

🪐 continue 指令

相較於 break 指令的跳出迴圈，continue 指令則是指繼續下一次迴圈的運作。也就是說，如果是想要終止的不是整個迴圈，而是想要符合某個特定的條件時，才中止某一層的迴圈執行就可使用 continue 指令。continue 指令只會直接略過底下尚未執行的程式碼，並跳至迴圈區塊的開頭繼續下一個迴圈，而不會離開迴圈。語法格式如下：

```
continue;
```

讓我們用下面的例子說明：

```
01  int a;
02  for (a = 0 ; a <= 9 ; a++) {
03      if (a == 3) {
04          continue;
05      }
06      cout<<"a=%d"<<endl;
07  }
```

在這個例子中我們利用 for 迴圈來累加 a 的值，當 a 等於 3 的這個條件出現，我們利用 continue 指令來讓 cout<<"a=%d"<<endl; 的執行被跳過去，並回到迴圈開頭（a==4），繼續進行累加 a 及顯示出 a 值的程式，所以在顯示出來的數值中不會有 3。

範例程式 CH04_11.cpp ▶ 以下程式範例是利用 continue 指令來控制九九乘法表的列印程式，由使用者輸入數字，並列印所指定數字之外的所有九九乘法表其他項目。請大家用心比較和之前範例的不同，就可以心領神會 continue 和 break 指令間到底有什麼不同。

```
01  #include<iostream>
02
03  using namespace std;
04
05  int main()
06  {
07      int number;
08      int i,j;
09
10      cout<<" 請輸入九九乘法表中所不要列印的數字項目："；
11      cin>>number;
12
13      // 九九乘法表的雙重迴圈
14      for(i=1; i<=9; i++)
15      {
16          for(j=1; j<=9; j++)
17          {
18              if(j==number)
19                  continue;// 設定繼續的的條件
20              cout<<j<<'*'<<i<<'='<<i*j<<'\t';
```

```
21          }
22          cout<<endl;
23      }
24
25      return 0;
26  }
```

執行結果

```
請輸入九九乘法表中所不要列印的數字項目: 5
1*1=1    2*1=2    3*1=3    4*1=4    6*1=6    7*1=7    8*1=8    9*1=9
1*2=2    2*2=4    3*2=6    4*2=8    6*2=12   7*2=14   8*2=16   9*2=18
1*3=3    2*3=6    3*3=9    4*3=12   6*3=18   7*3=21   8*3=24   9*3=27
1*4=4    2*4=8    3*4=12   4*4=16   6*4=24   7*4=28   8*4=32   9*4=36
1*5=5    2*5=10   3*5=15   4*5=20   6*5=30   7*5=35   8*5=40   9*5=45
1*6=6    2*6=12   3*6=18   4*6=24   6*6=36   7*6=42   8*6=48   9*6=54
1*7=7    2*7=14   3*7=21   4*7=28   6*7=42   7*7=49   8*7=56   9*7=63
1*8=8    2*8=16   3*8=24   4*8=32   6*8=48   7*8=56   8*8=64   9*8=72
1*9=9    2*9=18   3*9=27   4*9=36   6*9=54   7*9=63   8*9=72   9*9=81

------------------------------------
Process exited after 3.184 seconds with return value 0
請按任意鍵繼續 . . .
```

程式解析

- 第 11 行：輸入不打算輸出的數字。

- 第 18 行：當 j 等於所輸入數字時，就跳出此一內層現在的迴圈，並忽略 20 行的指令，再從此內層的下一迴圈執行。

★ 課後評量

1. 請問下面的程式碼片段有何錯誤？

```
01  for(y = 0, y < 10, y++)
02  cout<< y;
```

2. if 判斷結構有個老手新手都可能犯的錯誤：else 懸掛問題（dangling-else problem）。這問題特別容易發生在像 C++ 這類自由格式語言上，請看以下程式碼片段，它哪邊出了問題？試說明之。

```
01  if(a < 60)
02      if( a < 58)
03          cout<<" 成績低於 58 分，不合格 "<<endl;
04      else
05          cout<<" 成績高於 60，合格！ ";
```

3. 下面的程式碼片段有何錯誤？

```
01  do
02  {
03      cout<<"(1) 繼續輸入 "<<endl;
04      cout<<"(2) 離開 "<<endl;
05      cout<<"=>";
06      cin>>select;
07      sum++;
08  }while(select != '2')
```

4. 請問以下程式碼何處有錯？試說明之。

```
for (int i = 2; j = 1;  j < 10;   (i==9)?(i=(++j/j)+1):(i++))
```

5. 何謂「無窮迴圈」？試舉例說明。

6.　試敘述 while 迴圈與 do while 迴圈的差異。

7.　下面這個程式碼片段有何錯誤？

```
01  if(y == 0)
02      cout<<" 除數不得為 0"<<endl;
03      exit(1);
04  else
05      cout<< x / y;
```

8.　請問下列程式碼中，每次所輸入的密碼都不等於 999，當迴圈結束後，
count 的值為何？

```
for (count=0; count < 10; count++)
{
    cout<<" 輸入使用者密碼 :";
    cin>>check;
    if ( check == 999 )
        break;
    else
        cout<<" 輸入的密碼有誤，請重新輸入 ..."<<endl;
}
```

1. 下列程式執行過後所輸出數值為何？〈105 年 3 月觀念題〉

```
void main () {
    int count = 10;
    if (count > 0) {
        count = 11;
    }
    if (count > 10) {
        count = 12;
        if (count % 3 == 4) {
            count = 1;
        }
        else {
            count = 0;
        }
    }
    else if (count > 11) {
        count = 13;
    }
    else {
        count = 14;
    }
    if (count) {
        count = 15;
    }
    else {
        count = 16;
    }
    printf ("%d\n", count);
}
```

(A) 11   (B) 13   (C) 15   (D) 16

解答 (D) 16

2. 下列是依據分數 s 評定等第的程式碼片段，正確的等第公式應為：

90 〜 100 判為 A 等   60 〜 69 判為 D 等

80 〜 89 判為 B 等   0 〜 59 判為 F 等

70 〜 79 判為 C 等

```
if (s>=90) {
    printf ("A \n");
}
else if (s>=80) {
    printf ("B \n");
}
else if (s>60) {
    printf ("D \n");
}
else if (s>70) {
    printf ("C \n");
}
else {
    printf ("F\n");
}
```

這段程式碼在處理 0 〜 100 的分數時，有幾個分數的等第是錯的？〈105 年
10 月觀念題〉

(A) 20   (B) 11   (C) 2   (D) 10

解答 (B) 11

「else if (s>70)」這列程式位置錯誤，應該放在「else if (s>60)」之
前，而且「else if (s>60)」必須改成「else if (s>=60)」，本程式共造成
11 個錯誤。

3. 下列 switch 敘述程式碼可以如何以 if-else 改寫？〈105 年 10 月觀念題〉

```
switch (x) {
    case 10: y = 'a';  break;
    case 20:
    case 30: y = 'b';  break;
    default: y = 'c';
}
```

(A) if (x==10) y = 'a';

    if (x==20 || x==30) y = 'b';

    y = 'c';

(B) if (x==10) y = 'a';

    else if (x==20 || x==30) y = 'b';

    else y = 'c';

(C) if (x==10) y = 'a';

    if (x>=20 && x<=30) y = 'b';

    y = 'c';

(D) if (x==10) y = 'a';

    else if(x>=20 && x<=30) y = 'b';

    else y = 'c';

解答 (B) if (x==10) y = 'a';

    else if (x==20 || x==30) y = 'b';

    else y = 'c';

4. 下列程式片段主要功能為：輸入六個整數，檢測並印出最後一個數字是否為六個數字中最小的值。然而，這個程式是錯誤的。請問以下哪一組測試資料可以測試出程式有誤？〈105 年 3 月觀念題〉

```
#define TRUE 1
#define FALSE 0
int d[6], val, allBig;
...
for (int i=1; i<=5; i=i+1) {
    scanf ("%d", &d[i]);
}
scanf ("%d", &val);
allBig = TRUE;
for (int i=1; i<=5; i=i+1) {
    if (d[i] > val) {
        allBig = TRUE;
    }
    else {
        allBig = FALSE;
    }
}
if (allBig == TRUE) {
    printf ("%d is the smallest.\n", val);
    }
```

```
    else {
        printf ("%d is not the smallest.\n",val);
    }
}
```

(A) 11 12 13 14 15 3   (B) 11 12 13 14 25 20

(C) 23 15 18 20 11 12   (D) 18 17 19 24 15 16

解答 (B) 11 12 13 14 25 20

　　請將四個選項的值依序帶入，只要找到不符合程式原意的資料組，就可以判斷程式出現問題。

5.　下列程式正確的輸出應該如右圖，在不修改程式之第 4 行及第 7 行程式碼的前提下，最少需修改幾行程式碼以得到正確輸出？〈105 年 3 月觀念題〉

```
01   int k = 4;
02   int m = 1;
03   for (int i=1; i<=5; i=i+1) {
04       for (int j=1; j<=k; j=j+1) {
05           printf (" ");
06       }
07       for (int j=1; j<=m; j=j+1) {
08           printf ("*");
09       }
10       printf ("\n");
11       k = k - 1;
12       m = m + 1;
13   }
```

(A) 1   (B) 2   (C) 3   (D) 4

解答 (A) 1

　　只要將第 12 行的「m = m + 1;」修改成「m = 2*i + 1;」就可以得到正確的輸出結果。

6. 下列程式碼，執行時的輸出為何？〈105 年 3 月觀念題〉

```
void main() {
    for (int i=0; i<=10; i=i+1) {
        printf ("%d ", i);
        i = i + 1;
    }
    printf ("\n");
}
```

(A) 0 2 4 6 8 10　　　　　　　　(B) 0 1 2 3 4 5 6 7 8 9 10

(C) 0 1 3 5 7 9　　　　　　　　　(D) 0 1 3 5 7 9 11

解答 (A) 0 2 4 6 8 10

　　很簡單的問題，模擬操作就可以。

7. 下列 F() 函式執行後，輸出為何？〈105 年 10 月觀念題〉

```
void F( ) {
    char t, item[] = {'2', '8', '3', '1', '9'};
    int a, b, c, count = 5;
    for (a=0; a<count-1; a=a+1) {
        c = a;
        t = item[a];
        for (b=a+1; b<count; b=b+1) {
            if (item[b] < t) {
                c = b;
                t = item[b];
            }
            if ((a==2) && (b==3)) {
                printf ("%c %d\n", t, c);
            }
        }
    }
}
```

(A) 1 2　　　　　(B) 1 3　　　　　(C) 3 2　　　　　(D) 3 3

解答 (B) 1 3

8. 下列程式碼執行後輸出結果為何？〈105 年 10 月觀念題〉

```
int a[9] = {1, 3, 5, 7, 9, 8, 6, 4, 2};
int n=9, tmp;

for (int i=0; i<n; i=i+1) {
    tmp = a[i];
    a[i] = a[n-i-1];
    a[n-i-1] = tmp;
}
for (int i=0; i<=n/2; i=i+1)
    printf ("%d %d ", a[i], a[n-i-1]);
```

(A) 2 4 6 8 9 7 5 3 1 9　　　　　(B) 1 3 5 7 9 2 4 6 8 9

(C) 1 2 3 4 5 6 7 8 9 9　　　　　(D) 2 4 6 8 5 1 3 7 9 9

解答 (C) 1 2 3 4 5 6 7 8 9 9

9. 若 n 為正整數，下列程式三個迴圈執行完畢後 a 值將為何？〈105 年 10 月觀念題〉

```
int a=0, n;
    ...
for (int i=1; i<=n; i=i+1)
    for (int j=i; j<=n; j=j+1)
        for (int k=1; k<=n; k=k+1)
            a = a + 1;
```

(A) $n(n+1)/2$　　　　　(B) $n^3/2$

(C) $n(n-1)/2$　　　　　(D) $n^2(n+1)/2$

解答 (D) $n^2(n+1)/2$

當 i=1 時 j 執行 n 次，當 i=2 時 j 執行 n-1 次，…當 i=n 時 j 執行 1 次，因此前兩個迴圈的執行次數為：

n+(n-1)+(n-2)+(n-3)+…+1=n*(n+1)/2

第三個迴圈的執行次數為 n，因此總執行次數為 $n^2(n+1)/2$。

10. 下列程式片段執行過程中的輸出為何？〈105 年 10 月觀念題〉

```
int a = 5;
for (int i=0; i<20; i=i+1){
    i = i + a;
    printf ("%d ", i);
}
```

(A) 5 10 15 20   (B) 5 11 17 23   (C) 6 12 18 24   (D) 6 11 17 22

解答 (B) 5 11 17 23

11. 下列程式片段中執行後若要印出下列圖案，(a) 的條件判斷式該 如何設定？〈105 年 10 月觀念題〉

```
******
****
  **
```

```
for (int i=0; i<=3; i=i+1) {
    for (int j=0; j<i; j=j+1)
        printf(" ");
    for (int k=6-2*i;___(a)___; k=k-1)
        printf("*");
    printf("\n");
}
```

(A) k > 2   (B) k > 1   (C) k > 0   (D) k > −1

解答 (C) k > 0

注意第三個 for 迴圈列印 "*" 的次數，請將各選項帶入程式中去觀察 第三個 for 迴圈的第一次執行次數 (即 i=0) 就可以知道選項 (C) 為正 確答案。

12. 下列程式片段無法正確列印 20 次的 "Hi!"，請問下列哪一個修正方式仍無 法正確列印 20 次的 "Hi!"？〈106 年 3 月觀念題〉

```
for (int i=0; i<=100; i=i+5) {
    printf ("%s\n", "Hi!");
}
```

(A) 需要將 i<=100 和 i=i+5 分別修正為 i<20 和 i=i+1

(B) 需要將 i=0 修正為 i=5

(C) 需要將 i<=100 修正為 i<100;

(D) 需要將 i=0 和 i<=100 分別修正為 i=5 和 i<100

解答 (D)

　　需要將 i=0 和 i<=100 分別修正為 i=5 和 i<100

13. 下列程式執行完畢後所輸出值為何？〈106 年 3 月觀念題〉

```cpp
int main() {
    int x = 0, n = 5;
    for (int i=1; i<=n; i=i+1)
        for (int j=1; j<=n; j=j+1) {
            if ((i+j)==2)
                x = x + 2;
            if ((i+j)==3)
                x = x + 3;
            if ((i+j)==4)
                x = x + 4;
        }
    printf ("%d\n", x);
    return 0;
}
```

(A) 12　　　　　　(B) 24　　　　　　(C) 16　　　　　　(D) 20

解答 (D) 20

14. 下列程式片段擬以輾轉除法求 i 與 j 的最大公因數。請問 while 迴圈內容何者正確？〈105 年 3 月觀念題〉

```cpp
i = 76;
j = 48;
while ((i % j) != 0) {
    _____
    _____
    _____
}
printf ("%d\n", j);
```

(A) k = i % j;

    i = j;

    j = k;

(B) i = j;

    j = k;

    k = i % j;

(C) i = j;

    j = i % k;

    k = i;

(D) k = i;

    i = j;

    j = i % k;

解答 (A) k = i % j;

      i = j;

      j = k;

由於不知道要計算的次數，最適合利用 while 迴圈來設計。

15. 若以 f(22) 呼叫以下 f() 函式，總共會印出多少數字？〈105 年 3 月觀念題〉

```
void f(int n) {
    printf ("%d\n", n);
    while (n != 1) {
        if ((n%2)==1) {
            n = 3*n + 1;
        }
        else {
            n = n / 2;
        }
        printf ("%d\n", n);
    }
}
```

(A) 16   (B) 22   (C) 11   (D) 15

解答 (A) 16

試著將 n=22 帶入 f(22) 再觀察所有的輸出過程。

運算思維程式講堂
打好 C++ 基礎必修課

16. 下列 f() 函式執行後所回傳的值為何？〈105 年 3 月觀念題〉

```
int f() {
    int p = 2;
    while (p < 2000) {
        p = 2 * p;
    }
    return p;
}
```

(A) 1023 　　　　　(B) 1024 　　　　　(C) 2047 　　　　　(D) 2048

解答 (D) 2048

起始值：p=2

…………

第十次迴圈：p=2*p=2*1024=2048

17. 請問下列程式，執行完後輸出為何？〈105 年 10 月觀念題〉

```
int i=2, x=3;
int N=65536;
while (i <= N) {
    i = i * i * i;
    x = x + 1;
}
printf ("%d %d \n", i, x);
```

(A) 2417851639229258349412352 7 　　(B) 68921 43

(C) 65537 65539 　　　　　　　　　　(D) 134217728 6

解答 (D) 134217728 6

演算過程如下：

初始值：i=2　x=3

接著進入迴圈，迴圈的離開條件是判斷 i 是否小於 N(65536)。

陣列與字串
速學筆記

陣列（array）是屬於 C++ 語言中的一種延伸資料型態，是一群具有相同名稱與資料型態的集合，並且在記憶體中佔有一塊連續記憶體空間，最適合儲存一連串相關的資料。在 C/C++ 程式撰寫時，只要使用單一陣列名稱配合索引值（index），就能處理一群相同型態的資料。這個觀念有點像學校的私物櫃，一排外表大小相同的櫃子，區隔的方法是每個櫃子有不同的號碼。

在 C/C++ 中，並沒有字串的基本資料型態，如果要儲存字串，基本上還是必需使用字元陣列來表示。因此利用字元陣列來表示字串的方式可稱為 C-Style 字串。

5-1　陣列的宣告與使用

陣列使用前必須先行宣告，接著就來介紹各種維度的宣告及使用方式。

5-1-1　一維陣列

一維陣列（one-dimensional array）是最基本的陣列結構，只利用到一個索引值，就可存放多個相同型態的資料。陣列也和一般變數一樣，必須事先宣告，編譯時才能分配到連續的記憶區塊。在 C++ 中，一維陣列的語法宣告如下：

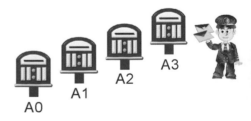

陣列就像是平時信箱的使用概念

資料型態　陣列名稱 [陣列長度] ;

當然也可以在宣告時，直接設定初始值：

```
資料型態 陣列名稱 [ 陣列大小 ]={ 初始值 1, 初始值 2,…};
```

在此宣告格式中，資料型態是表示該陣列存放元素的共同資料型態，陣列名稱則是陣列中所有資料的共同名稱，其命名規則與變數相同。

所謂元素個數則是表示陣列可存放的資料個數。例如在 C++ 中定義如下的一維陣列，其中元素間的關係可以如右圖表示：

```
int Score[5];
```

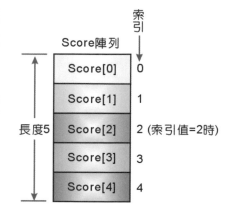

陣列的索引值是從 0 開始，對於定義好的陣列，可以藉由索引值的指定來存取陣列中的資料。當執行陣列宣告後，可以像將值指定給一般變數一樣，來指定值給陣列內每一個元素：

```
Score[0]=65;
Score[1]=80;
```

例如：

```
int arr1[5],arr2[5];
arr1=arr2；              // 錯誤的語法
arr1[0]=arr2[0];        // 正確
score[1]=57;            // 將陣列索引值 1 的元素值設為 57
score[2]=78;            // 將陣列索引值 2 的元素值設為 78
sum=score[1]+score[2]; // 將陣列索引值 1 及 2 的元素值加總，並指派給 sum
float temp[8];          // 宣告一個浮點數陣列 , 元素個數為 8
```

以下舉出幾個一維陣列的宣告實例：

```
int a[5];      // 宣告一個 int 型態的陣列 a，陣列 a 中可以存放 5 筆整數資料
long b[3];     // 宣告一個 long 型態的陣列 b，b 可以存放 3 筆長整數資料
float c[10]; // 宣告一個 float 型態的陣列 c，c 可以存放 10 筆單精度浮點數資料
```

此外，兩個陣列間不可以直接用「=」運算子互相指定，而只有陣列元素之間才能互相指定。例如：

```
int Score1[5],Score2[5]；
Score1=Score2；          // 錯誤的語法
Score1[0]=Score2[0]；  // 正確
```

各位在定義一維陣列時，如果沒有指定陣列元素個數，那麼編譯器會將陣列長度讓初始值的個數來自動決定。例如以下定義陣列 arr 設定初值的方式，其元素個數會自動設定成 3：

```
int  arr[]={1, 2, 3};
```

範例程式 **CH05_01.cpp** ▶ 以下程式範例將列印出設定初始值個數少於陣列定義元素個數的所有元素值，及計算出另外一個沒有指定陣列個數的陣列長度。

```
01   #include <iostream>
02
03   using namespace std;
04
05   int main()
06   {
07        int score[8]={ 7,22,36 };   // 宣告長度為 8 的整數陣列
08        int Temp[]={1, 2, 3, 4, 5};
09        int i;
10
11        // 利用迴圈列印陣列的元素值
12        for (i=0;i<8;i++)
13        {
14             cout <<"score["<<i<<"]="<<score[i]<<endl;
15        }
16
```

```
17        cout<<"Temp 陣列大小 ="<<sizeof(Temp)/sizeof(Temp[0])<<endl;
          // 計算元素陣列個數
18
19
20        return 0;
21
22   }
```

執行結果

```
score[0]=7
score[1]=22
score[2]=36
score[3]=0
score[4]=0
score[5]=0
score[6]=0
score[7]=0
Temp陣列大小=5
--------------------------------
Process exited after 0.09838 seconds with return value 0
請按任意鍵繼續 . . .
```

程式解說

◆ 第 7 行：宣告長度為 8 的整數陣列。

◆ 第 12 ～ 15 行：利用迴圈列印陣列的元素值。

◆ 第 17 行：計算元素陣列個數。

5-1-2 二維陣列

一維陣列當然可以擴充到二維或多維陣列，在使用上和一維陣列相似，都是處理相同資料型態資料，差別只在於維度的宣告。

二維陣列的宣告格式如下：

資料型態　陣列名稱 ［ 列的個數 ］［ 行的個數 ］;

例如宣告陣列 arr 的列數是 3，行數是 5，那麼所有元素個數為 15。語法格式如下所示：

```
int arr[3][5];
```

基本上，arr 為一個 3 列 5 行的二維陣列，也可以視為 3*5 的矩陣。在存取二維陣列中的資料時，使用的索引值仍然是由 0 開始計算。下圖以矩陣圖形來說明這個二維陣列中每個元素的索引值與儲存對應關係：

	行[0]	行[0]	行[0]	行[0]	行[0]
列[0] →	[0][0]	[0][1]	[0][2]	[0][3]	[0][4]
列[1] →	[1][0]	[1][1]	[1][2]	[1][3]	[1][4]
列[2] →	[2][0]	[2][1]	[2][2]	[2][3]	[2][4]

當各位在二維陣列設定初始值時，為了方便區隔行與列與增加可讀性，除了最外層的 {} 外，最好以 {} 括住每一列的元素初始值，並以「,」區隔每個陣列元素，例如：

```
int A[2][3]={{1,2,3},{2,3,4}};
```

還有一點要說明，C++ 對於多維陣列註標的設定，只允許第一維可以省略不用定義，其它維數的註標都必須清楚定義出長度。例如以下宣告範例：

```
int a[2][3] = {{1,2,3},
               {4,5,6}};          // 合法的宣告
char b[ ][2] = {{'a','b'},        // 合法的宣告，省略第一維元素個數的宣告方法
                {'c','d'},
                {'e','f'}};
long c[2][2] = {0};               // 將各個元素的初值都設為 0
double d[3][3] = {{0.5,2.7},
                  {3.1,2.5,6.9},  // 合法的宣告
                  {1.5}};
int  A[2][ ]={{1,2,3},{2,3,4}};   // 不合法的宣告
```

　　在二維陣列中，以大括號所包圍的部份表示為同一列的初值設定。因此與一維陣列相同，如果指定初始值的個數少於陣列元素，則其餘未指定的元素將自動設定為 0。例如底下的情形：

```
int A[2][5]={   {77, 85, 73}, {68, 89, 79, 94}  };
```

　　由於陣列中的 A[0][3]、A[0][4]、A[1][4] 都未指定初始值，所以初始值都會指定為 0。至於以下的方式，則會將二維陣列所有的值指定為 0（常用在整數陣列的初值化）：

```
int A[2][5]={ 0 };
```

　　以上宣告由於只用一個大括號含括，表示把二維陣列 A 視為一長串陣列。因為初始值的個數少於陣列元素，所以陣列 A 中所有元素的值都被指定為 0。

範例程式 CH05_02.cpp ► 以下程式範例會要求您輸入 5 個學生的國、英、數、自然成績，並計算全班總分與平均分數，最後再列出有不及格科目的學生座號及科目。

```
01   #include <iostream>
02
03   using namespace std;
04
05   int main()
06   {
07       int score[5][4];            // 宣告 5*4 的二維陣列，用來存放成績
08       int fail[5]={0};            // 宣並初始化二維陣列，用來記錄不及格的科目
09       int i,j,sum=0,count=0;
10       bool flag;                  // 用來判斷是否遞增人數
11       for(i=0; i < 5; i++)
12       {
13           flag=false;             // 初始化遞增人數的判斷開關
14           cout << " 請輸入 No." << i+1 << " 的國、英、數、自然成績：";
15           for (j=0; j < 4; j++)
16           {
```

```
17                  cin >> score[i][j];        // 輸入各科成績
18                  sum += score[i][j];        // 計算總分
19                  if (score[i][j] < 60)
20                  {
21                      fail[i] += 1;          // 遞增不及格的科目數
22                      if (flag == false)
23                      {
24                          count++;           // 遞增不及格人數
25                          flag=true;         // 變更判斷開關
26                      }
27                  }
28              }
29          }
30      cout << endl;
31      cout << "全班總成績:" << sum
32          << ",全班平均分數:" << (float)sum/(5*4) << endl;
33      cout << "共有 " << count << " 人有不及格的科目 " << endl;
34      // 輸出有不及格科目的學生座號及不及格科數
35      for (i=0; i < 5; i++)
36          if (fail[i] != 0)
37              cout << "No." << i+1 << "有 " << fail[i] << " 科不及格 " << endl;
38
39
40      return 0;
41  }
```

執行結果

```
請輸入No.1的國、英、數、自然成績:56 58 60 69
請輸入No.2的國、英、數、自然成績:58 69 98 87
請輸入No.3的國、英、數、自然成績:58 54 56 85
請輸入No.4的國、英、數、自然成績:98 54 85 65
請輸入No.5的國、英、數、自然成績:58 68 87 54

全班總成績:1377,全班平均分數:68.85
共有 5 人有不及格的科目
No.1有 2 科不及格
No.2有 1 科不及格
No.3有 3 科不及格
No.4有 1 科不及格
No.5有 2 科不及格

-------------------------------------
Process exited after 32.57 seconds with return value 0
請按任意鍵繼續 . . .
```

程式解說

- ◆ 第 7 行：宣告 5*4 的二維陣列，用來儲存成績。
- ◆ 第 8 行：宣並初始化二維陣列，用來記錄不及格的科目數。
- ◆ 第 10 行：用來判斷是否遞增人數。
- ◆ 第 17 行：輸入各科成績。
- ◆ 第 22 行：假若輸入的分數小於 60，則執行第 21 行敘述，遞增該學生的不及格科目數，如果 flag 判斷開關為 false，就遞增不格的人數，並將 flag 設定為 true。

5-1-3 多維陣列

由於在 C++ 中所宣告的資料都存取在記憶體上，只要記憶體大小許可時，當然可以宣告更多維陣列存取資料。多維陣列表示法同樣可視為一維陣列的延伸，在標準 C++ 中，凡是二維以上的陣列都可以稱作多維陣列。當陣列擴展到 n 維時，宣告通式如下：

```
資料型態 陣列名稱 [ 元素個數 ] [ 元素個數 ] [ 元素個數 ]……[ 元素個數 ];
```

以下舉出 C++ 中兩個多維陣列的宣告實例：

```
int Three_dim[2][3][4];     // 三維陣列
int Four_dim[2][3][4][5];   // 四維陣列
```

現在讓我們來針對三維陣列（Three-dimension Array）較為詳細多說明，基本上三維陣列的表示法和二維陣列一樣都可視為是一維陣列的延伸。例如下面程式片斷中宣告了一個 2x2x2 的三維陣列，可將其簡化為 2 個 2x2 的二維陣列，並同時設定初始值，並將陣列中的所有元素利用迴圈輸出：

```
int A[2][2][2]={{{1,2},{5,6}},{{3,4},{7,8}}};

int i,j,k;
for(i=0;i<2;i++) /* 外層迴圈 */
    for(j=0;j<2;j++) /* 中層迴圈 */
        for(k=0;k<2;k++) /* 內層迴圈 */
            cout<<"A["<<i<<"]["<<j<<"]["<<k<<"]="<< A[i][j][k]<<endl;
```

例如宣告一個單精度浮點數的三維陣列：列：

```
float arr[2][3][4];
```

以下是將 arr[2][3][4] 三維陣列想像成空間上的立方體圖形：

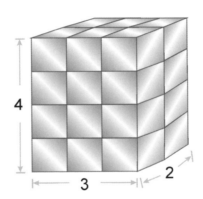

在設定初始值時，各位也可以想像成要初始化 2 個 3*4 的二維陣列：

```
int a[2][3][4]={ { {1,3,5,6},   // 第一個 3*4 的二維陣列
                   {2,3,4,5},
                   {3,3,3,3}
                 },
                 { {2,3,3,54},  // 第二個 3*4 的二維陣列
                   {3,5,3,1},
                   {5,6,3,6}
                 } };
```

範例程式 **CH05_03.cpp** ▶ 以下程式範例是為了加強各位在 **C++** 多維陣列的應用與了解，請利用三層巢狀迴圈來找出 **2x3x3** 三維陣列中所儲存數值中的最小值：

```
int num[2][3][3]={{{33,45,67},{23,71,56},{55,38,66}},{{21,9,15 },
{38,69,18},{90,101,89}}};
```

```
01  #include <iostream>
02
03  using namespace std;
04
05  int main()
06  {
07
08      int num[2][3][3]={{{33,45,67},
09                         {23,71,56},
10                         {55,38,66}},
11                         {{21,9,15 },
12                          {38,69,18},
13                          {90,101,89}}}; // 宣告三維陣列
14      int i,j,k,min=num[0][0][0];        // 設定 min 為 num 陣列的第一個元素
15
16      for(i=0;i<2;i++)
17        for(j=0;j<3;j++)
18          for(k=0;k<3;k++)
19            if(min>=num[i][j][k])
20              min=num[i][j][k]; // 利用三層迴圈找出最小值
21
22      cout<<" 最小值 = "<<min<<endl;
23
24
25      return 0;
26  }
```

執行結果

```
最小值= 9
---------------------------------
Process exited after 0.06604 seconds with return value 0
請按任意鍵繼續 . . .
```

程式解說

- ◆ 第 8 ～ 13 行：宣告並設定 num 陣列元素值。
- ◆ 第 14 行：設定 min 為 num 陣列的第一個元素。
- ◆ 第 16 ～ 18 行：由三層 for 迴圈來進行運算。
- ◆ 第 19 行：判斷 min 是否大於 num[i][j][k]。
- ◆ 第 22 行 min 值。

5-2 字串簡介

各位在 C 中如果要使用字串，可以使用字元陣列方式來表示，例如字元是以單引號（ ' ）包括起來，字串則是以雙引號（ " ）包括起來。其中 'a' 與 "a" 分別代表字元常數及字串常數，兩者的差別就在於字串的結束處會多安排 1 個位元組的空間來存放 '\0' 字元，作為這個字串結束時的符號。

5-2-1 字串宣告

字串宣告的第一個重點就是必須使用空字元（ '\0' ）來代表每一個字串的結束，以下是 C 中常用的字串宣告方式有兩種：

```
方式 1：char 字串變數 [ 字串長度 ]=" 初始字串 ";
方式 2：char 字串變數 [ 字串長度 ]={' 字元 1', ' 字元 2', ...... ,' 字元 n', '\0'};
```

例如以下四種字串宣告方式：

```
char Str_1[6]="Hello";
char Str_2[6]={ 'H', 'e', 'l', 'l', 'o' , '\0'};
char Str_3[ ]="Hello";
char Str_4[ ]={ 'H', 'e', 'l', 'l', 'o', '!' };
```

其中在第一、二、三種方式中都是合法的字串宣告，雖然 Hello 只有 5 個字元，但因為編譯器還必須加上 '\0' 字元，所以陣列長度需宣告為 6，如宣告長度不足，可能會造成編譯器上的錯誤。當然也可以選擇不要填入陣列大小，讓編譯器來自動安排記憶體空間，如第三種方式。但 Str_4 並不是字串常數，因為最後字元並不是 '\0' 字元。

當各位宣告字串時，如果已經設定初始值，那麼字串長度可以不用設定。不過當沒有設定初始值時，就必須設定字串長度，以便讓編譯器知道需要保留多少記憶體位址給字串使用。例如以下宣告字串：

```
char str[]="STRING";
```

或

```
char str[7]={ 'S','T','R','I','N','G','\0'};
```

在記憶體上是利用以下方式來儲存：

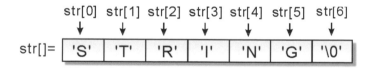

範例程式 **CH05_04.cpp** ▶ 以下程式範例是介紹一個計算使用者輸入字串，並計算此字串長度的範例。

```
01   #include <iostream>
02
03   using namespace std;
04
05   int  main()
06   {
07       char arr2[50];
08       int sum=0;
09       cout << "請輸入字串：";
10       cin >> arr2; // 取得使用者輸入的字串並存入字元陣列 arr2 中
```

```
11      for (int i=0;i<50;i++)
12      {
13          if (arr2[i]!='\0')  // 逐一判斷使用者所輸入字串的各個字元
14          {                   // 如果不是字串結束符號「\0」
15              sum++;          //sum 的值就遞增
16          }else               // 而如果是字串結束符號
17          {                   // 就中斷迴圈
18              break;
19          }
20      }
21      cout << "您輸入的字串共有 " << sum << " 個字元 \n";  // 顯示計算結果
22
23      return 0;
24  }
```

執行結果

```
請輸入字串：hello
您輸入的字串共有 5 個字元

--------------------------------
Process exited after 3.803 seconds with return value 0
請按任意鍵繼續 . . .
```

程式解說

- 第 9 ～ 10 行：讓使用者輸入字元。

- 第 13 ～ 19 行：判斷字元陣列 arr2 的索引是否不等於「\0」，當條件成立時，則將變數 sum 累加 1，反之則離開迴圈。

- 第 21 行：顯示變數 sum 的值。

5-2-2 字串陣列

由於字串是以一維的字元陣列來儲存，如果是有許多關係相近的字串集合時，就稱為字串陣列，這時就可以使用二維字元陣列來表達。例如一個班級中所有學生的姓名，每個姓名都有許多字元所組成的字串，這時就可使用字串陣列來加以儲存。字串陣列宣告方式如下：

```
char 字串陣列名稱[字串數][字元數];
```

其中字串數是表示此字串陣列容納最多的字串數目，而字元數是表示每個字串大小最多可容納多少字元，並且必須包含了 \0 結尾字元。當然也可以在宣告時就設定初值，不過要記得每個字串元素都必須包含於雙引號之內，而且每個字串間要以逗號「,」分開。語法格式如下：

```
char 字串陣列名稱[字串數][字元數]={ "字串常數1", "字串常數2", "字串常數3"…};
```

在設定初值時必須使用「"」（雙引號）來將字串圍住。例如：

```
char arr[3][8]={{"tomguns"},
                {"sandy"},
                {"kelly"}}
```

上述字串陣列的排列方式如下圖所示：

	0	1	2	3	4	5	6	7
0	t	o	m	g	u	n	s	\0
1	s	a	n	d	y	\0		
2	k	e	l	l	y	\0		

如果要使用二維陣列 arr 的字串「kelly」時，只要指定陣列的一維索引值「arr[2]」即可。而如果要使用二維陣列 arr 內字串「sandy」的「d」字元時，那麼就要將索引值指定到「arr[1][3]」。

請再看以下宣告 Name 得字串陣列，且包含 5 個字串，每個字串包括 '\0'
字元，長度限定為 10 個位元組：

```
char Name[5][10]={ "John",
                   "Mary",
                   "Wilson",
                   "Candy",
                   "Allen"
                 };
```

字串陣列雖説是二維字元陣列，對於字串陣列的存取則須要使用到每個陣
列中元素的記憶體位址，以上述 char Name[5][10] 的字串陣列來説，假設要輸
出第 2 個字串時，可以直接利用以下的指令即可：

```
cout<<Name[1];
```

事實上，使用字串陣列來儲存的最大壞處就是由於每個字串長度不會完全
相同，而陣列又是屬於靜態記憶體，必須事先宣告字串中的最大長度，這樣往
往就會造成記憶體的浪費。

範例程式 **CH05_05.cpp** ▶ 以下程式範例示範字串陣列的初始化方式，並省略了
每個元素之間的大括號，其中相當程度說明了字元與字串間的關連。

```
01   #include <iostream>
02
03   using namespace std;
04
05   int main()
06   {
07       char Str[6][30]={   " 張繼    楓橋夜泊 ",      // 宣告並初始化二維字串陣列
08                           "================",   // 省略了每個元素之間的大括號
09                           " 月落烏啼霜滿天 ",
10                           " 江楓漁火對愁眠 ",
11                           " 姑蘇城外寒山寺 ",
12                           " 夜半鐘聲到客船 "      };
13       int i;
14       for (i=0;  i<6;  i++)
```

```
15              cout << Str[i] << endl;              // 輸出字串陣列內容
16
17
18      return 0;
19  }
```

執行結果

```
張繼    楓橋夜泊
===============
月落烏啼霜滿天
江楓漁火對愁眠
姑蘇城外寒山寺
夜半鐘聲到客船

------------------------------------
Process exited after 0.1127 seconds with return value 0
請按任意鍵繼續 . . .
```

程式解說

◆ 第 7 行：宣告並初始化二維字串陣列。

◆ 第 14 ～ 15 行：輸出字串陣列內容。

★ 課 後 評 量

1. 請指出以下程式碼是否有錯？為什麼？

    ```
    char Str1[]="Hello";
    char Str2[20];
    Str2=Str1;
    ```

2. 請問以下 str1 與 str2 字串，分別佔了多少位元組（bytes）？

    ```
    char str1[ ]= "You are a good boy";
    char str2[ ]= "This is a bad book  ";
    ```

3. 假設這個陣列的起始位置指向 1200，試求出 address[23] 的記憶體開始
    位置。

4. 請簡述 'a' 與 "a" 的不同？

5. 請問底下的多維陣列的宣告是否正確？

    ```
    int A[3][ ]={{1,2,3},{2,3,4},{4,5,6}};
    ```

6. 請問此二維陣列中有哪些陣列元素初始值是 0？

    ```
    int A[2][5]={  {77, 85, 73}, {68, 89, 79, 94}  };
    ```

7. 下面這個程式碼片段設定並顯示陣列初值，但隱含了並不易發現的錯誤，
    請找出這個程式碼片段的錯誤所在：

    ```
    01  int a[2, 3] = {{1, 2, 3},{4, 5, 6}};
    02  int i, j;
    03  for(i = 0; i < 2; i++)
    04      for(j = 0; j < 3; j++)
    05          cout<< a[i, j];
    ```

8. 以下程式碼在編譯時出現錯誤，請指出程式碼錯誤的地方並改正，使其能編譯成功。

```
01  #include<siostream>
02  int main(void)
03  {
04      int i;
05
06          char str[30]="this is my first program.";
07          char str1[20]="my company is ZCT.";
08          cout<<" 原始字串 str = "<<str<<endl;
09          cout<<" 字串 str1 = "<<str1;
10      str1=str;
11          cout<<" 複製後字串 str1 = "<< str;
12          return 0;
13  }
```

9. 如果我們宣告一個 50 個元素的字元陣列，如下所示：

```
char address[50];
```

假設這個陣列的起始位置指向 1200，試求出 address[23] 的記憶體開始位置。

APCS 檢定考古題

1. 大部分程式語言都是以列為主的方式儲存陣列。在一個 8x4 的陣列（array）
    A 裡，若每個元素需要兩單位的記憶體大小，且若 A[0][0] 的記憶體位址
    為 108（十進制表示），則 A[1][2] 的記憶體位址為何？〈105 年 3 月觀念題〉

    (A) 120　　　　　　(B) 124　　　　　　(C) 128　　　　　　(D) 以上皆非

    解答 (A) 120

2. 下列程式片段執行過程的輸出為何？〈105 年 10 月觀念題〉

```
int i, sum, arr[10];
for (int i=0; i<10; i=i+1)
  arr[i] = i;
sum = 0;
for (int i=1; i<9; i=i+1)
  sum = sum - arr[i-1] + arr[i] + arr[i+1];
printf ("%d", sum);
```

    (A) 44　　　　　　(B) 52　　　　　　(C) 54　　　　　　(D) 63

    解答 (B) 52

    初始值 sum=0，arr[0]=0、arr[1]=1、…arr[9]=9 逐步帶入計算即可求解。

3. 若 A 是一個可儲存 n 筆整數的陣列，且資料儲存於 A[0]~A[n-1]。經過下列
    程式碼運算後，以下何者敘述不一定正確？〈106 年 3 月觀念題〉

```
int A[n]={ … };
int p = q = A[0];
for (int i=1; i<n; i=i+1) {
  if (A[i] > p)
    p = A[i];
  if (A[i] < q)
    q = A[i];
}
```

(A) p 是 A 陣列資料中的最大值　　(B) q 是 A 陣列資料中的最小值

(C) q < p　　(D) A[0] <= p

解答 (C) q < p

4. 下列程式擬找出陣列 A[] 中的最大值和最小值。不過，這段程式碼有誤，
   請問 A[] 初始值如何設定就可以測出程式有誤？〈106 年 3 月觀念題〉

```c
int main () {
  int M = -1, N = 101, s = 3;
  int A[] = _____?_____;
  for (int i=0; i<s; i=i+1) {
    if (A[i]>M) {
      M = A[i];
    }
    else if (A[i]<N) {
      N = A[i];
    }
  }
  printf("M = %d, N = %d\n", M, N);
  return 0;
}
```

(A) {90, 80, 100}　　(B) {80, 90, 100}

(C) {100, 90, 80}　　(D) {90, 100, 80}

解答 (B) {80, 90, 100}

就以選項 (A) 為例，其迴圈執行過程如下：

當 i=0，A[0]=90>-1，故執行 M = A[i]，此時 M=90。

當 i=1，A[1]=80<90 且 90<101，故執行 N = A[i]，此時 N=80。

當 i=2，A[2]=100>90，故執行 M = A[i]，此時 M=100。

此選項符合陣列的給定值，因此選項 (A) 無法測試出程式有錯誤。同
理，各位就可以試著去試看看其它選項。

5. 經過運算後，以下程式的輸出為何？〈105 年 3 月觀念題〉

```
for (i=1; i<=100; i=i+1) {
    b[i] = i;
}
a[0] = 0;
for (i=1; i<=100; i=i+1) {
    a[i] = b[i] + a[i-1];
}
printf ("%d\n", a[50]-a[30]);
```

(A) 1275　　　　(B) 20　　　　(C) 1000　　　　(D) 810

解答 (D) 810

6. 請問下列程式輸出為何？〈105 年 3 月觀念題〉

```
int A[5], B[5], i, c;
...
for (i=1; i<=4; i=i+1) {
    A[i] = 2 + i*4;
    B[i] = i*5;
}
c = 0;
for (i=1; i<=4; i=i+1) {
    if (B[i] > A[i]) {
        c = c + (B[i] % A[i]);
    }
    else {
        c = 1;
    }
}
printf ("%d\n", c);
```

(A) 1　　　　(B) 4　　　　(C) 3　　　　(D) 33

解答 (B) 4

逐步將 i=1 帶入計算即可。

7. 定義 a[n] 為一陣列 (array)，陣列元素的指標為 0 至 n-1。若要將陣列中 a[0] 的元素移到 a[n-1]，下列程式片段空白處該填入何運算式？〈105 年 3 月觀念題〉

```
int i, hold, n;
    ...
for (i=0; i<=_____; i=i+1) {
    hold = a[i];
    a[i] = a[i+1];
    a[i+1] = hold;
}
```

(A) n+1　　　　　(B) n　　　　　　(C) n-1　　　　　(D) n-2

解答 (D) n-2

　　這支程式的作用在於逐一交換位置，最後將陣列中 a[0] 的元素移到 a[n-1]，此例空白處只要填入 n-2 就可以達到題目的要求。

8. 若 A[][] 是一個 MxN 的整數陣列，右側程式片段用以計算 A 陣列每一列的總和，以下敘述何者正確？〈106 年 3 月觀念題〉

```
void main () {
  int rowsum = 0;
  for (int i=0; i<M; i=i+1) {
    for (int j=0; j<N; j=j+1) {ap305
      rowsum = rowsum + A[i][j];
    }
    printf("The sum of row %d is %d.\n", i, rowsum);
  }
}
```

(A) 第一列總和是正確，但其他列總和不一定正確

(B) 程式片段在執行時會產生錯誤（run-time error）

(C) 程式片段中有語法上的錯誤

(D) 程式片段會完成執行並正確印出每一列的總和

解答 (A) 第一列總和是正確，但其他列總和不一定正確

9. 若 A[1]、A[2]，和 A[3] 分別為陣列 A[] 的三個元素（element），下列那個程式片段可以將 A[1] 和 A[2] 的內容交換？〈106 年 3 月觀念題〉

(A) A[1] = A[2]; A[2] = A[1];

(B) A[3] = A[1]; A[1] = A[2]; A[2] = A[3];

(C) A[2] = A[1]; A[3] = A[2]; A[1] = A[3];

(D) 以上皆可

解答 (B) A[3] = A[1]; A[1] = A[2]; A[2] = A[3];
  必須以另一個變數 A[3] 去暫存 A[1] 內容值，再將 A[2] 內容值設定給 A[1]，最後再將剛才暫存的 A[3] 內容值設定給 A[2]。

10. 若宣告一個字元陣列 char str[20] = "Hello world!"; 該陣列 str[12] 值為何？〈105 年 10 月觀念題〉

(A) 未宣告   (B) \0   (C) !   (D) \n

解答 (B) \0

函數與演算法的
關鍵技巧

　　軟體開發是相當耗時且複雜的工作,當需求及功能愈來愈多,程式碼自然就會愈來愈龐大,這時多人分工合作來完成軟體開發是勢在必行的。那麼應該如何解決上述問題呢?在 C/C++ 中提供了相當方便實用的函數功能,可以讓程式更加具有結構化與模組化的特性。C/C++ 的程式架構中就包含了最基本的函數,也就是大家耳熟能詳的 main() 函數。函數是 C/C++ 的主要核心架構與基本模組,整個 C/C++ 程式的撰寫,就是由這些各俱功能的函數所組合而成。

函數就如同現實生活中
分工合作的概念

　　演算法(Algorithm)不但是人類利用電腦解決問題的技巧之一,也是程式設計領域中最重要的關鍵,常常被使用為程式設計的第一個步驟,甚至日常生活中也有許多工作都可以利用演算法來描述,例如員工的工作報告、寵物的飼養過程、廚師準備美食的食譜、學生的功課表等,甚至於連我們平時經常使用的搜尋引擎都必須藉由不斷更新演算法來運作。

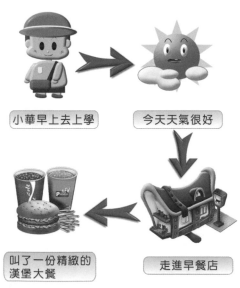

小華早上去上學　　今天天氣很好

叫了一份精緻的
漢堡大餐　　走進早餐店

學生小華上學買早餐也能以簡單演算法表示

6-1 大話函數

所謂函數，就是一段程式敘述的集合，並且給予一個名稱來代表此程式碼集合。C 的函數可區分為系統本身提供的標準函數及使用者自行定義的自訂函數兩種。例如想使用 C++ 的數學函數，則可以將數學函數的表頭檔（cmath）含括進來：

```
#include <cmath>
```

至於自訂函數則是使用者依照需求來設計的函數，也是本章所要介紹的重點，包括了函數宣告的語法格式、參數傳遞、函數原型宣告、變數的有效範圍等內容。首先我們就從函數的語法格式談起。

6-1-1 函數原型宣告與定義

由於 C++ 程式在進行編譯時是採用由上而下的順序，如果在函數呼叫前沒有編譯過這個函數的定義，那麼 C++ 編譯器就會傳回函數名稱未定義的錯誤。這時候就必須在程式尚未呼叫函數時，先宣告函數的原型（prototyping），告訴編譯器有函數的存在。語法格式如下：

```
回傳值型態 函數名稱 （引數型態 1 引數 1, 引數型態 2, …, 引數型態 n 引數 n）;
```

使用者可以自行定義引數個數與引數資料型態，並指定回傳值型態。如果沒有回傳值，通常會使用以下形式：

```
void 函數名稱 （引數型態 1 引數 1, 引數型態 2, …, 引數型態 n 引數 n）;
```

如果沒有任何需要傳遞的引數呢？同樣也是以關鍵字 void 來表示。因此有回傳值但沒有引數的形式：

```
回傳值型態 函數名稱 (void);
```

以下則是沒有回傳值也沒有引數的函數：

```
void 函數名稱 (void);
```

一般原型宣告的位置會將函數原型宣告放置於程式開頭，通常是位於 #include 與 main() 之間。函數原型宣告語法格式如下兩種：

```
傳回資料型態 函數名稱 ( 資料型態 參數 1, 資料型態 參數 2, ………);
```

或

```
傳回資料型態 函數名稱 ( 資料型態 , 資料型態 , ………);
```

例如一個函數 sum() 可接收兩筆成績參數，並傳回其最後計算總和值，原型宣告如下：

```
int sum(int score1,int score2);
```

或是

```
int sum(int, int);
```

清楚了函數的原型宣告後，接下來我們要知道如何開始定義一個函數的主體架構。函數定義則是函數架構中最重要的部分，它定義一個函數的內部流程運作，包括接收什麼參數，進行什麼處理，在處理完成後又回傳什麼資料等等。

如果空有函數宣告，卻沒有函數的定義，這個函數就像一部空有外殼而沒有實際運作功能的機器一樣，根本無法使用。自訂函數在 C 中的定義方式與 main() 函數類似，基本架構如下：

```
回傳值型態 函數名稱 （引數型態 1 引數 1, 引數型態 2, …, 引數型態 n 引數 n ）
{
    函數主體 ;
    ...
    return 傳回值 ;
}
```

一般來說，使用函數的情況大多都是進行處理計算的工作，因此都需要回傳結果給函數呼叫者，在定義傳回值時就不能使用 void，一旦指定函數的傳回值不為 void，則在函數中一定要使用 return 來傳回一個數值，否則編譯器將回報錯誤。 而如果函數沒有傳回值，就可以省略 return 敘述。

讓函數將結果傳回時必須要指定一個資料型態給傳回值，而在接收函數傳回值的這方與儲存傳回值的變數或數值，它們的型態必須與函數定義的傳回值型態一樣。傳回值的使用格式如下：

```
return 傳回值 ;
```

函數名稱是準備定義函數的第一步，是由設計者自行來命名，命名規則與變數命名規則一樣，最好能具備可讀性。千萬避免使用不具任何意義的字眼作為函數的名稱，例如 bbb、aaa 等。

不過在函數名稱後面括號內的參數列，可不能像原型宣告時，只寫上各參數的資料型態即可，務必同時填上每一個資料型態與參數名稱。至於函數主體則是由 C++ 的指令組成，在程式碼撰寫的風格上，我們建議各位盡量使用註解來說明函數的作用。

6-1-2 函數呼叫

當函數建立好之後，就可以在程式中直接呼叫該函數名稱來執行函數。在進行函數呼叫時，只要將需要處理的參數傳給該函數，並安排變數來接收函數運算的結果，就可以正確且妥善地使用函數。

函數回傳值一方面可以代表函數的執行結果，另一方面可以用來檢測函數是否有成功地執行完成。函數呼叫的方式有兩種，假如沒有傳回值，通常直接使用函數名稱即可呼叫函數。語法格式如下：

```
函數名稱 ( 引數 1, 引數 2, ………);
```

如果函數有傳回值，則可運用指定運算子 "=" 將傳回值指定給變數。如下所示：

```
變數 = 函數名稱 ( 引數 1, 引數 2, ………);
```

範例程式 **CH06_01.cpp** ▶ 以下程式範例的 **Add_Fun()** 函數，是將傳入的整數值相加並傳回執行結果的簡單自訂函數範例。各位可以從這個程式先行認識一個自訂函數的結構與基本觀念。

```
01   #include <iostream>
02
03   using namespace std;
04
05   int Add_Fun(int a, int b )// 參數為 a,b, 回傳值為整數
06   {
07     return a+b; // 傳回兩整數和
08   } // 函數定義與宣告
09
10   int main()
11   {
12       int x;
13       int y;
14
15       cout<<" 請輸入整數 x=:";
```

```
16      cin>>x;
17      cout<<" 請輸入整數  y=:";
18      cin>>y;
19      cout<<" 相加運算結果:"<<Add_Fun(x,y)<<endl;
20          // 列印 Add_Fun 函數的回傳值
21
22
23      return 0;
24  }
```

執行結果

```
請輸入整數 x=:12
請輸入整數 y=:35
相加運算結果:47

--------------------------------
Process exited after 11.66 seconds with return value 0
請按任意鍵繼續 . . .

```

程式解說

◆ 第 5 ～ 8 行:Add_Fun() 函數的宣告與定義。

◆ 第 7 行:回傳 a+b 的值。

◆ 第 19 行:呼叫 Add_Fun 函數,將 x,y 的值當成 Add_Fun() 函數的引數傳給函數內的參數 a,b。

範例程式 CH06_02.cpp ▶ 以下程式範例是將函數原型宣告放在 **main()** 函數的前端,而函數定義則放在 **main()** 函數的後方,這是很標準的寫法,當程式規模較大時,可以增加程式的可讀性。

```
01  #include<iostream>
02
03  using namespace std;
04
05  int my_pow(int,int);
```

```
06   void show_output(int);
07   // 宣告函數原型
08   int main()
09   {
10
11       int x,r;
12       cout<<" 請輸入兩個數字 :"<<endl;
13       // 輸入數字
14       cout<<"x=";
15       cin>>x;
16       cout<<"r=";
17       cin>>r;
18       // 在程式敘述中呼叫函數
19       cout<<x<<" 的 "<<r<<" 次方 ="<<my_pow(x,r)<<endl;// 呼叫 my_pow() 函數
20
21       return 0;
22   }
23   // 函數定義部分 *
24   int my_pow(int x,int r)
25   {
26       int i;
27       int sum=1;
28       for(i=0;i<r;i++)
29       {
30           sum=sum*x;
31       } // 計算 x^r 的值
32       return sum;
33   }
```

執行結果

```
請輸入兩個數字:
x=9
r=5
9的5次方=59049

----------------------------------
Process exited after 11.2 seconds with return value 0
請按任意鍵繼續 . . .
```

程式解說

◆ 第 5 ～ 6 行：宣告函數原型於 #include 引入檔後，主函數 main() 之前。

◆ 第 19 行：呼叫 my_pow() 函數。

◆ 第 24 ～ 33 行：my_pow() 函數定義部分。

◆ 第 30 行：設計 x 的 r 次方計算。

6-2 參數傳遞與其他應用

C++ 函數中的參數傳遞，是將主程式中呼叫函數的引數值，傳遞給函數部分的參數，然後在函數中，處理定義的程式敘述，依照所傳遞的是參數的數值或位址而有所不同。這種關係有點像投手與捕手間的關係，一個投球與一個接球。

在 C++ 中，對於傳遞參數方式，其實可以根據傳遞和接收的是參數數值或參數位址區分為三種：傳值呼叫（call by value）和傳址呼叫（call by address）、傳參考呼叫（call by reference）。

函數參數傳遞過程很像是投手與捕手間的相互關係

Tips

我們實際呼叫函數時所提供的參數，通常簡稱為「引數」或實際參數（Actual Parameter），而在函數主體或原型中所宣告的參數，常簡稱為「參數」或形式參數（Formal Parameter）。

6-2-1 傳值呼叫

傳值呼叫方式的特點是並不會更動到原先主程式中呼叫的變數內容。也就是指主程式呼叫函數的實際參數時，系統會將實際參數的數值傳遞並複製給函數中相對應的形式參數。基本上，C 預設的參數傳遞方式就是傳值呼叫（call by value），傳值呼叫的函數原型宣告如下所示：

```
回傳資料型態 函數名稱 ( 資料型態 參數 1, 資料型態 參數 2, ………);
```

或

```
回傳資料型態 函數名稱 ( 資料型態 , 資料型態 , ………);
```

傳值呼叫的函數呼叫型式如下所示：

```
函數名稱 ( 引數 1, 引數 2, ………);
```

範例程式 **CH06_03.cpp** ▶ 以下程式範例是一個標準函數傳值呼叫的範例，希望各位能用心觀察在主函數中、**fun** 函數內與呼叫 **fun** 函數後的主函數中三種情況，**a** 與 **b** 數值的變化與三種情況下 **a**、**b** 變數的位址差異，就能了解傳值呼叫特性與意義。

```
01    #include<iostream>
02    using namespace std;
03    void fun(int, int);/* 函數原型宣告 */
04
05
06    int main()
07    {
08        int a,b;
09        a=10;
10        b=15;
11        // 輸出主程式中的 a,b 值
12        cout<<" 主函數中：a="<<a<<" b="<<b<<endl;
13        cout<<"a 的位址 :"<<&a<<" b 的位址 :"<<&b<<endl;
```

```
14        // 呼叫函數
15        fun(a,b);
16        cout<<"----------------------------------------"<<endl;
17        // 輸出呼叫函數後的 a,b 值
18        cout<<" 呼叫函數後 :a="<<a<<" b="<<b<<endl;
19        cout<<"a 的位址 :"<<&a<<" b 的位址 :"<<&b<<endl;
20
21        return 0;
22 }
23
24 void fun(int a, int b)
25 {
26        cout<<"----------------------------------------"<<endl;
27        cout<<"fun 函數內 :a="<<a<<" b="<<b<<endl;
28        cout<<"a 的位址 :"<<&a<<" b 的位址 :"<<&b<<endl;
29        a=20;
30        b=30;// 重設函數內的 a,b 值
31        cout<<" 函數內變更數值後 :a="<<a<<" b="<<b<<endl;
32 }
```

執行結果

```
主函數中:a=10 b=15
a的位址:0x6ffe3c b的位址:0x6ffe38
----------------------------------
fun函數內:a=10 b=15
a的位址:0x6ffe10 b的位址:0x6ffe18
函數內變更數值後:a=20 b=30
----------------------------------
呼叫函數後:a=10 b=15
a的位址:0x6ffe3c b的位址:0x6ffe38

----------------------------------
Process exited after 0.1059 seconds with return value 0
請按任意鍵繼續 . . .
```

程式解說

◆ 第 12 ～ 13 行：輸出主程式中定義的 a、b 數值與位址值。

◆ 第 19 行：經過呼叫函數後，再輸出 a 與 b 的數值與位址，發現並沒有改變，這就是傳值呼叫的特性。

◆ 第 27 ～ 28 行：在第 15 行呼叫函數後，將函數接收的參數直接輸出數值
與位址，發現此刻 a 與 b 的位址與主函數內不同。

◆ 第 29 ～ 31 行：變更函數內的 a 與 b 值並輸出。

6-2-2 傳址呼叫

C++ 函數的傳址呼叫（call by address）是表示在呼叫函數時，系統並沒有
另外分配實際的位址給函數的形式參數，而是將實際參數的位址直接傳遞給所
對應的形式參數。

在 C++ 中要進行傳址呼叫，我們必須宣告指標（Pointer）變數作為函數的
引數，因為指標變數是用來儲存變數的記憶體位址，呼叫的函數在呼叫引數前
必須加上 & 運算子。傳址方式的函數宣告型式如下所示：

```
回傳資料型態 函數名稱 ( 資料型態 ＊參數 1, 資料型態 ＊參數 2, ………);
```

或

```
回傳資料型態 函數名稱 ( 資料型態 ＊, 資料型態 ＊, ………);
```

傳址呼叫的函數呼叫型式如下所示：

```
函數名稱 ( & 引數 1, & 引數 2, ………);
```

Tips

進行傳址呼叫時必需使特別使用到「＊」取值運算子和「&」取址運算子，說
明如下：

● 「＊」取值運算子：可以取得變數在記憶體位址上所儲存的值。

● 「&」取址運算子：可以取得變數在記憶體上的位址。

範例程式 **CH06_04.cpp** ▶ 以下程式範例是改寫自前面傳值呼叫的範例，也稱得上是一個標準傳址呼叫的範例，希望各位能用心觀察與比較在主函數中、fun 函數內與呼叫 fun 函數前後的主函數中，a 與 b 值的變化與三種情況下 a、b 變數的位址差異，就能更加了解傳值呼叫與傳址呼叫在內容與執行上的差異。

```cpp
01  #include <iostream>
02
03  using namespace std;
04  // 加上指標運算子的函式原型宣告，這和傳值呼叫不同
05  void fun(int*, int*);
06
07  int main()
08  {
09      int a,b;
10      a=10;
11      b=15;
12      cout<<" 主函數中 :"<<a<<" b="<<b<<endl;
13      cout<<"a 的位址 :a="<<&a<<" b 的位址 :"<<&b<<endl;
14      fun(&a,&b);// 引數需加上 & 取址運算子，這和傳值呼叫不同
15      cout<<"----------------------------------------"<<endl;
16      cout<<" 呼叫函數後 :a="<<a<<" b="<<b<<endl;
17      cout<<"a 的位址 :a="<<&a<<" b 的位址 :"<<&b<<endl;
18
19      return 0;
20  }
21  // 加上指標運算子的函數定義宣告，這和傳值呼叫不同
22  void fun(int *a, int *b)
23  {
24      cout<<"----------------------------------------"<<endl;
25      // 此時的 *a 與 *b 代表的是傳遞過來位址上的數值，a 與 b 則代表位址
26      cout<<" 函數內 :a="<<*a<<" b="<<*b<<endl;
27      // 輸出函式內 a 與 b 的位址
28      cout<<"a 的位址 :a="<<a<<" b 的位址 :"<<b<<endl;
29      *a=20;
30      *b=30;
31      cout<<" 函數內變更數值後 :a="<<*a<<" b="<<*b<<endl;
32  }
```

執行結果

```
主函數中:10 b=15
a的位址:a=0x6ffe0c b的位址:0x6ffe08
-----------------------------------
函數內:a=10 b=15
a的位址:a=0x6ffe0c b的位址:0x6ffe08
函數內變更數值後:a=20 b=30
-----------------------------------
呼叫函數後:a=20 b=30
a的位址:a=0x6ffe0c b的位址:0x6ffe08

-----------------------------------
Process exited after 0.04812 seconds with return value 0
請按任意鍵繼續 . . .
```

程式解說

- ◆ 第 5 行：加上指標運算子的函數原型宣告。

- ◆ 第 12 ～ 13 行：輸出主程式中定義的 a、b 數值與位址值。

- ◆ 第 14 行：引數需加上 & 取址運算子，這和傳值呼叫不同。

- ◆ 第 16 ～ 17 行：經過呼叫函數後，再輸出 a 與 b 的數值與位址，發現數值已經改變，但位址並未改變，這就是傳址呼叫的特性。

- ◆ 第 22 行：加上指標運算子的函數定義宣告，這和傳值呼叫不同

- ◆ 第 26 ～ 28 行：在第 14 行呼叫函數後，將函數接收的參數直接輸出數值與位址，發現此刻 a 與 b 的位址與主函數內相同。

- ◆ 第 31 行：變更函數內的 a 與 b 值並輸出數值與位址。

6-2-3 傳參考呼叫

傳參考呼叫方式也是類似於傳址呼叫的一種，但是在傳參考方式函數中，形式參數並不會另外再配置記憶體存放實際參數傳入的位址，而是直接把形式參數作為實際參數的一個別名（alias）。

簡單的說，傳參考呼叫可以做到傳址呼叫的功能，卻具有傳值呼叫的簡便。在使用傳參考呼叫時，只需要在函數原型和定義函數所要傳遞的參數前加上 & 運算子即可，傳參考方式的函數宣告型式如下所示：

```
傳回資料型態 函數名稱 ( 資料型態 & 參數 1, 資料型態 & 參數 2, ………);
```

或

```
傳回資料型態 函數名稱 ( 資料型態 &, 資料型態 &, ………);
```

傳參考呼叫的函數呼叫型式如下所示：

```
函數名稱 ( 引數 1, 引數 2, ………);
```

範例程式 **CH06_05.cpp** ▶ 以下程式範例是以參考變數的傳參考呼叫方式將本身參數的值加上另一參數，最後該參數的值也會隨之改變。

```cpp
01   #include <iostream>
02
03   using namespace std;
04
05   void add(int &,int &);          // 傳參考呼叫的 add() 函數的原型
06
07   int main()
08   {
09       int a=5,b=10;
10
11       cout<<" 呼叫 add() 之前 ,a="<<a<<" b="<<b<<endl;
12       add(a,b);      // 呼叫 add 函數 , 執行 a=a+b;
13       cout<<" 呼叫 add() 之後 ,a="<<a<<" b="<<b<<endl;
14
15
16       return 0;
17   }
18
19   void add(int &p1,int &p2)// 傳址呼叫的函數定義
20   {
21       p1=p1+p2;
22   }
```

執行結果

```
呼叫add()之前,a=5 b=10
呼叫add()之後,a=15 b=10

-----------------------------------
Process exited after 0.1235 seconds with return value 0
請按任意鍵繼續 . . .
```

程式解說

- ◆ 第 5 行：宣告傳參考呼叫的函數原型宣告，因此在函數原型裡的變數都要加上 &。
- ◆ 第 12 行：將參數 a 與 b 的位址傳遞到第 19 行中 add() 函數。
- ◆ 第 21 行：p1、p2 的值改變時，a、b 也會隨之改變。

6-2-4 陣列參數傳遞

當我們在函數中要傳遞的對象不只一個，例如陣列資料，也能透過位址與指標的方式進行處理並得到結果。由於陣列名稱所儲存的值其實就是陣列第一個元素的記憶體位址，所以我們可以直接利用傳址呼叫的方式將陣列指定給另一個函數，這時如果在函數中改變了陣列內容，所呼叫主程式中的陣列內容當然也會隨之改變。

不過由於陣列大小必須依據所擁有的元素個素，所以在陣列參數傳遞過程，最好是可以加上傳送陣列長度的引數。請看以下一維陣列參數傳遞的函數宣告：

```
(回傳資料型態 or void)  函數名稱（資料型態 陣列名稱 [ ]，資料型態 陣列長度…）；
```

或

```
(回傳資料型態 or void) 函數名稱（資料型態 *陣列名稱，資料型態 陣列長度 ...）；
```

而一維陣列參數傳遞的函數呼叫方式如下所示：

函數名稱 （資料型態 陣列名稱 , 資料型態 陣列長度…）;

範例程式 **CH06_06.cpp** ▶ 以下程式範例是將一維陣列 **A** 以傳址呼叫的方式傳遞給
Multiple2() 函數，在函數中將每個一維 **arr** 陣列中的元素值都乘以 **2**，同時也會將主程
式中的 **A** 陣列的元素值都改變。

```cpp
01   #include <iostream>
02
03   #define Array_size 6
04   using namespace std;
05
06   void Multiple2(int arr[]);      // 函數 Multiple2() 的原型
07
08   int main()
09   {
10       int i,A[Array_size]={ 1,2,3,4,5,6 };
11
12       cout<<" 呼叫 Multiple2() 前 , 陣列的內容為 : "<<endl;
13       for(i=0;i<Array_size;i++) // 印出陣列內容
14           cout<<A[i]<<" ";
15       cout<<endl;
16       Multiple2(A); // 呼叫函數 Multiple2()
17       cout<<" 呼叫 Multiple2() 後 , 陣列的內容為 : "<<endl;
18       for(i=0;i<Array_size;i++)      // 印出陣列內容
19           cout<<A[i]<<" ";
20       cout<<endl;
21
22       return 0;
23   }
24
25   void Multiple2(int arr[])
26   {
27       int i;
28       for(i=0;i<Array_size;i++)
29           arr[i]*=2;
30   }
```

執行結果

```
呼叫Multiple2()前,陣列的內容為:
1 2 3 4 5 6
呼叫Multiple2()後,陣列的內容為:
2 4 6 8 10 12

----------------------------------
Process exited after 0.308 seconds with return value 0
請按任意鍵繼續 . . .
```

程式解說

- 第 3 行：宣告 Array_size 為常數。

- 第 6 行：是函數的原型宣告，以 arr[ ] 參數及傳址呼叫傳遞，其中在大括號 [ ] 中的數字可寫也可不寫。

- 第 13 ～ 14 行：行印出 A 陣列內容。

- 第 16 行：直接用陣列名稱，呼叫函數 Multiple2()。

- 第 29 行：會將每個元素值乘以 2 的陣列傳回主函數。

- 第 18 ～ 19 行：列印 A 陣列，元素值已改變了。

至於多維陣列參數傳遞的原精神和一維陣列大致相同。例如傳遞二維陣列，只要再加上一個維度大小的參數就可以。還有一點要特別提醒各位，所傳遞陣列的第一維可以省略不用填入元素個數，不過其它維度可得乖乖地填上元素個數，否則編譯時會產生錯誤。二維陣列參數傳遞的函數宣告型式如下所示：

```
(回傳資料型態 or void)  函數名稱 ( 資料型態 陣列名稱 [ ][ 行數 ] , 資料型態 列數 , 資料
型態 行數 ...);
```

而二維陣列參數傳遞的函數呼叫如下所示：

函數名稱 (資料型態 陣列名稱 , 資料型態 列數 , 資料型態 行數…) ;

範例程式 CH06_07.cpp ▶ 以下程式範例只做基本二維陣列輸出元素函數，讓各位明白陣列與參數傳遞的用法即可。

```cpp
01   #include<iostream>
02
03   using namespace std;
04
05   // 各陣列函數原型的宣告
06   void print_arr(int arr[][5],int,int);
07
08   int main()
09   {
10       // 宣告並初始化二維成績陣列
11       int score_arr[][5]={{78,69,83,90,75},{11,22,33,44,55}};
12       print_arr(score_arr,2,5);
13
14
15       return 0;
16   }
17
18   // 輸出二維陣列各元素的函數
19   void print_arr(int arr[][5],int r,int c)
20   {    // 第一維可省略，其它維數的註標都必須清楚定義長度
21       int i,j;
22
23       for(i=0; i<r; i++)
24       {
25           for(j=0; j<c;j++)
26               cout<<arr[i][j]<<"  ";
27           cout<<endl;
28       }
29   }
```

執行結果

```
78   69   83   90   75
11   22   33   44   55

----------------------------------
Process exited after 0.1382 seconds with return value 0
請按任意鍵繼續 . . .
```

程式解說

◆ 第 6 行：第一維省略可以不用定義，其它維數的註標都必須清楚定義長度。

◆ 第 12 行：此行參數的行數與列數，可以依據需求不同更改。

◆ 第 19 ～ 29 行：print_arr( ) 是輸出二維陣列各元素的函數。

6-2-5 行內函數

通常一般程式在進行函數呼叫前，系統會先將一些必要資訊 (如呼叫函數的位址、傳入的參數等) 保留，以便在函數執行結束後，可以返回原先呼叫函數的程式繼續執行。因此對於某些頻繁呼叫的小型函數來說，這些存取動作，將減低程式執行效率，此時即可運用行內函數來解決這個問題。

C++ 的行內函數（inline function），就是當程式中使用到關鍵字 inline 定義的函數時，C++ 會將呼叫 inline 函數的部份，直接替換成 inline 函數內的程式碼，而不會有實際的函數呼叫過程。如此一來，將可以省下許多呼叫函數所花費的時間與減少主控權轉換的次數，並加快程式執行效率。宣告方式如下：

```
inline 資料型態 函數名稱 ( 資料型態 參數名稱 )
{

    程式敘述區塊；

}
```

範例程式 **CH06_08.cpp** ▶ 以下程式範例將利用 **inline** 函數來求取所輸入三個整數和,並判斷這個和是偶數或奇數。

```cpp
01   #include<iostream>
02
03   using namespace std;
04
05   // 行內函數定義
06   inline int fun1(int a, int b,int c)
07   {
08       return a+b+c;
09   }
10
11   int main()
12   {
13       int a,b,c;
14       cout<<" 請輸入三個數字 :";
15       cin>>a>>b>>c;
16
17
18       if(fun1(a,b,c)%2==0) // 呼叫行內函數
19           cout<<a<<"+"<<b<<"+"<<c<<"="<<a+b+c<<" 為偶數 "<<endl;
20       else
21           cout<<a<<"+"<<b<<"+"<<c<<"="<<a+b+c<<" 為奇數 "<<endl;
22
23
24       return 0;
25   }
```

執行結果

```
請輸入三個數字:4 8 9
4+8+9=21為奇數

----------------------------------
Process exited after 11.47 seconds with return value 0
請按任意鍵繼續 . . .
```

◆ 第 6 ～ 9 行：行內函數定義。

◆ 第 18 行：呼叫行內函數。

6-2-6 函數多載

函數多載（Function Overloading）是 C++ 新增的功能，藉由函數多載的特性，使得同一個函數名稱可以用來定義成多個函數主體，而在程式中呼叫該函數名稱時，C++ 將會根據傳遞的形式參數個數與資料型態來決定實際呼叫的函數。

在 C 中，例如同樣一個設定參數值的動作，因應不同參數型態，就必須個別為函數取一個名稱，如下所示：

```
char*   getData1(char*);
int   getData2(int);
float   getData3(float);
double   getData4(double);
```

在上述程式碼中，執行函數的用途只是為了設定一個參數值，但卻為了不同參數型態，而在函數名稱上傷透腦筋。此時就可以利用 C++ 所提供的函數多載功能，定義相同意義的函數名稱，如下所示：

```
char*   getData(char*);
int   getData(int);
float   getData(float);
double   getData(double);
```

函數多載主要是以參數來判斷應執行那一個函數功能，如果兩個函數的參數個數不同，或是參數個數相同，但是至少有一個對應的參數型態不同，那麼 C++ 就會將它視為不相同的函數。如此便可有效減少函數命名的衝突及整合相似功能的函數。函數多載方式必須依照以下兩個原則來定義函數：

① 函數名稱必須相同。

② 各多載函數間的參數串列（arguments list）型態與個數不能完全相同。

範例程式 **CH06_09.cpp** ▶ 以下程式範例將利用函數多載觀念來設計可輸入不同型態值的相同名稱函數，包括整數、單精度實數、倍精度實數等，並回傳所輸入的值。

```cpp
01   #include <iostream>
02
03   using namespace std;
04
05   int getData(int);
06   float getData(float);
07   double getData(double);
08
09   int main()
10   {
11       int iVal=2004;
12       float fVal=2.3f;
13       double dVal=2.123;
14       cout<<" 執行 int getData(int)       => "<<getData(iVal)<<endl;
15       cout<<" 執行 float getData(float)    => "<<getData(fVal)<<endl;
16       cout<<" 執行 double getData(double) => "<<getData(dVal)<<endl;
17
18       return 0;
19   }
20
21   int getData(int iVal)
22   {
23       return iVal;
24   }
25
26   float getData(float fVal)
27   {
28       return fVal;
29   }
30
31   double getData(double dVal)
32   {
33       return dVal;
34   }
```

執行結果

```
執行 int getData(int)       => 2004
執行 float getData(float)   => 2.3
執行 double getData(double) => 2.123

-----------------------------------
Process exited after 0.08164 seconds with return value 0
請按任意鍵繼續 . . .
```

程式解說

◆ 第 5 ～ 7 行：函數原形多載。

◆ 第 14 ～ 16 行：呼叫不同的多載函數。

◆ 第 21 ～ 34 行：定義不同多載函數內容。

6-3 認識遞迴

　　遞迴在程式設計領域中是種相當特殊的函數，也算是一種分治演算法（Divide and conquer）的應用。簡單來說，對程式設計師而言，「函數」不只是能夠被其它函數呼叫（或引用），還提供了自身呼叫（或引用）的功能，這種功用就是所謂的「遞迴」。遞迴在早期人工智慧所用的語言，如 Lisp、Prolog 幾乎都是整個語言運作的核心，當然在 C++ 中也提供了這項功能，「何時才是使用遞迴的最好時機？」，是不是遞迴只能解決少數問題？事實上，任何可以用選擇結構和重複結構來編寫的程式碼，都可以用遞迴來表示和編寫，也讓程式碼更具可讀性。

Tips

分治法（Divide and conquer）是一種很重要的演算法，核心精神是將一個難以直接解決的大問題依照不同的概念，分割成兩個或更多的子問題，以便各個擊破，分而治之，這個演算法應用相當廣泛，如遞迴（recursion）、快速排序（quick sort）、大整數乘法等。

6-3-1 遞迴的定義

遞迴函數的精神就是在函數本身中呼叫自己，我們可以將遞迴函數的定義如下：假如一個函數或程式區塊，是由自身所定義或呼叫，則稱為遞迴。

通常一個遞迴函數式必備的兩個要件：

① 一個可以反覆執行的過程。
② 一個跳出反覆執行過程中的缺口。

例如數學上的階乘問題就非常適用於遞迴運算，以 5! 這個運算為例，各位可以一步步分解它的運算過程，觀察出一定的規律性：

```
5! = (5 * 4!)
   = 5 * (4 * 3!)
   = 5 * 4 * (3 * 2!)
   = 5 * 4 * 3 * (2 * 1)
   = 5 * 4 * (3 * 2)
   = 5 * (4 * 6)
   = (5 * 24)
   = 120
```

各位可以將每一個括號想像為每一次的函數呼叫，這個運算分解的過程就相當於遞迴運算。

範例程式 **CH06_10.cpp** ▶ 以下程式將使用一個求 n 階乘（n!）結果的範例來說明遞迴的用法。這個程式中會同時使用迴圈與遞迴的方式，藉以比較兩種方式的差異。

```cpp
01  #include<iostream>
02
03  using namespace std;
04
05  double rec_factorial(int );// 遞迴函數原型宣告
06  double factorial(int );// 一般的迴圈函數原型宣告
07
08  int main()
09  {
10      int n;
11      cout<<" 請輸入要計算的階乘數 :";
12      cin>>n;
13      cout<<" 遞迴函數 :"<<n<<"!="<<rec_factorial(n)<<endl;
14      cout<<" 一般迴圈函數 :"<<n<<"!="<<factorial(n)<<endl;
15
16      return 0;
17  }
18  // 遞迴函數
19  double rec_factorial(int n)
20  {
21      if(n==1)
22          return 1;// 跳出反覆執行過程中的缺口
23      else
24          return n*rec_factorial(n-1);// 反覆執行的過程
25  }
26  // 一般的迴圈函數
27  double factorial(int n)
28  {
29      int i;
30      double sum=1;
31      for(i=1; i<=n; i++)
32          sum*=i;// 利用迴圈來計算階乘值
33      return sum;
34  }
```

執行結果

```
請輸入要計算的階乘數:6
遞迴函數:6!=720
一般迴圈函數:6!=720

------------------------------------
Process exited after 9.527 seconds with return value 0
請按任意鍵繼續 . . .
```

程式解說

◆ 第 12 行：請輸入要計算的階乘數。

◆ 第 19 ～ 25 行：遞迴函數的程式碼。

◆ 第 21 ～ 22 行：跳出反覆執行過程中的缺口。

◆ 第 24 行：反覆執行的過程。

◆ 第 31 ～ 32 行：利用迴圈來計算階乘值。

接著我們再來看一個很有名氣的費伯那序列（Fibonacci Polynomial）求解，首先看看費伯那序列的基本定義：

$$F_n= \begin{cases} 0 & n=0 \\ 1 & n=1 \\ F_{n-1}+F_{n-2} & n=2,3,4,5,6\cdots\cdots（n 為正整數） \end{cases}$$

簡單來說，就是一序列的第零項是 0、第一項是 1，其他每一個序列中項目的值是由其本身前面兩項的值相加所得。從費伯那序列的定義，也可以嘗試把它設計轉成遞迴形式。

範例程式 CH06_11.cpp ▶ 請設計一個計算第 n 項費伯那序列的遞迴程式。

```cpp
01  #include <iostream>
02
03  using namespace std;
04
05  int fib(int); //fib() 函數的原型宣告
06
07  int main()
08  {
09      int i,n;
10      cout<<" 請輸入所要計算第幾個費式數列 :";
11      cin>>n;
12      for(i=0;i<=n;i++)  // 計算前 1~n 個費氏數列
13          cout<<"fib("<<i<<")="<<fib(i)<<endl;
14
15      return 0;
16  }
17
18  int fib(int n)       // 定義函數 fib()
19  {
20
21      if (n==0)
22          return 0; // 如果 n=0 則傳回 0
23      else if(n==1 || n==2)      // 如果 n=1 或 n=2，則傳回 1
24          return 1;
25      else // 否則傳回 fib(n-1)+fib(n-2)
26          return (fib(n-1)+fib(n-2));
27  }
```

執行結果

```
請輸入所要計算第幾個費式數列:5
fib(0)=0
fib(1)=1
fib(2)=1
fib(3)=2
fib(4)=3
fib(5)=5

-----------------------------------
Process exited after 3.564 seconds with return value 0
請按任意鍵繼續 . . .
```

程式解說

◆ 第 18 ～ 27 行：定義了 fib() 函數。

◆ 第 11 行：中輸入 n 值。

◆ 第 21、23 行：判斷是否為第 0、1、2 項的費式數列值，如不是則執行。

◆ 第 26 行：以遞迴式計算出第 n 項費式數列值。

6-4 探索演算法的趣味

在韋氏辭典中將演算法定義為：「在有限步驟內解決數學問題的程式。」如果運用在計算機領域中，我們也可以把演算法定義成：「為瞭解決某一個工作或問題，所需要有限數目的機械性或重覆性指令與計算步驟。」當認識了演算法的定義後，我們還要說明描述演算法所必須符合的五個條件：

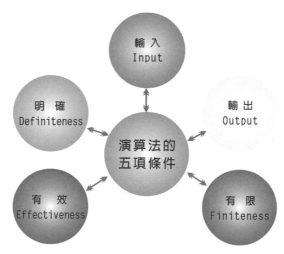

演算法的五項條件

演算法特性	內容與說明
輸入（Input）	0 個或多個輸入資料，這些輸入必須有清楚的描述或定義
輸出（Output）	至少會有一個輸出結果，不可以沒有輸出結果
明確性（Definiteness）	每一個指令或步驟必須是簡潔明確而不含糊的
有限性（Finiteness）	在有限步驟後一定會結束，不會產生無窮迴路
有效性（Effectiveness）	步驟清楚且可行，能讓使用者用紙筆計算而求出答案

接著還要來思考到該用什麼方法來表達演算法最為適當呢？其實演算法的主要目的是在提供給人們閱讀瞭解所執行的工作流程與步驟，演算法則是學習如何解決事情的辦法，只要能夠清楚表現演算法的五項特性即可。有些演算法是利用是可讀性高的高階語言與虛擬語言（Pseudo-Language），或者流程圖（Flow Diagram）也是一種相當通用的演算法表示法，必須使用某些圖型符號。例如請您輸入一個數值，並判別是奇數或偶數。

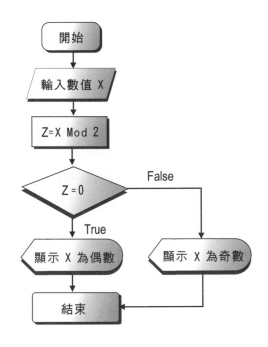

Tips

虛擬語言（Pseudo-Language）是接近高階程式語言的寫法，也是一種不能直接放進電腦中執行的語言。一般都需要一種特定的前置處理器（preprocessor），或者用手寫轉換成真正的電腦語言，經常使用的有 SPARKS、PASCAL-LIKE 等語言。

6-4-1 排序演算法

　　排序（Sorting）演算法幾乎可以形容是最常使用到的一種演算法，目的是將一串不規則的數值資料依照遞增或是遞減的方式重新編排。所謂「排序」，就是將一群資料按照某一個特定規則重新排列，使其具有遞增或遞減的次序關係。按照特定規則，用以排序的依據，我們稱為鍵（Key），它所含的值就稱為「鍵值」。

　　排序的各種演算法稱得上是程式設計這門學科的精髓所在。每一種排序方法都有其適用

參加比賽最重要是分出排名順序

的情況與資料種類，接下來我們要介紹常見的氣泡排序法。氣泡排序法又稱為交換排序法，是由觀察水中氣泡變化構思而成，原理是由第一個元素開始，比較相鄰元素大小，若大小順序有誤，則對調後再進行下一個元素的比較，就彷彿氣泡逐漸由水底逐漸冒升到水面上一樣。如此掃瞄過一次之後就可確保最後一個元素是位於正確的順序。接著再逐步進行第二次掃瞄，直到完成所有元素的排序關係為止。

　　以下排序我們利用 55、23、87、62、16 的排序過程，您可以清楚知道氣泡排序法的演算流程：

　　由小到大排序：

原始值：

第一次掃瞄會先拿第一個元素 55 和第二個元素 23 作比較，如果第二個元素小於第一個元素，則作交換的動作。接著拿 55 和 87 作比較，就這樣一直比較並交換，到第 4 次比較完後即可確定最大值在陣列的最後面。

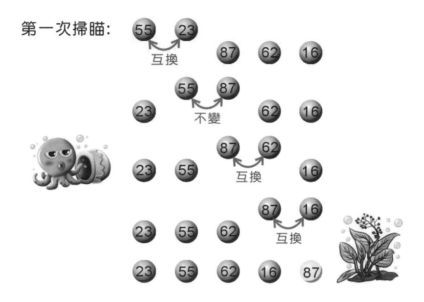

第二次掃瞄亦從頭比較起，但因最後一個元素在第一次掃瞄就已確定是陣列最大值，故只需比較 3 次即可把剩餘陣列元素的最大值排到剩餘陣列的最後面。

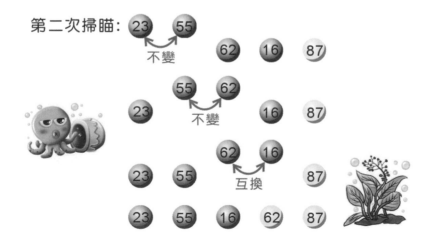

第三次掃瞄完，完成三個值的排序

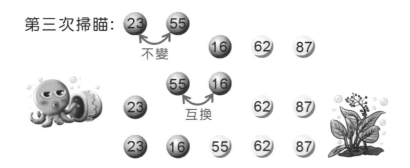

第四次掃瞄完，即可完成所有排序

　　由此可知 5 個元素的氣泡排序法必須執行 5-1 次掃瞄，第一次掃瞄需比較 5-1 次，共比較 4+3+2+1=10 次

範例程式 **CH06_12.cpp** ▶ 請設計一 C++ 程式，並使用氣泡排序法來將以下的數列排序，與列出每次交換過程：

```
6,5,9,7,2,8;
```

```
01   #include <iostream>
02   #include <iomanip>
03   using namespace std;
04   int main(void)
05   {
06       int data[6]={6,5,9,7,2,8};     // 原始資料
07       cout<<" 氣泡排序法：\n 原始資料為：";
08       for (int i=0;i<6;i++)
09           cout<<setw(3)<<data[i];
10       cout<<endl;
```

```
11
12      for (int i=5;i>0;i--)// 掃瞄次數
13      {
14          for (int j=0;j<i;j++)// 比較、交換次數
15          {
16              if (data[j]>data[j+1])// 比較相鄰兩數，如第一數較大則交換
17              {
18                  int tmp;
19                  tmp=data[j];
20                  data[j]=data[j+1];
21                  data[j+1]=tmp;
22              }
23          }
24          cout<<" 第 "<<6-i<<" 次排序後的結果是："; // 把各次掃描後的結果印出
25          for (int j=0;j<6;j++)
26              cout<<setw(3)<<data[j];
27          cout<<endl;
28      }
29      cout<<" 排序後結果為：";
30      for (int i=0;i<6;i++)
31          cout<<setw(3)<<data[i];
32      cout<<endl;
33      return 0;
34  }
```

執行結果

```
氣泡排序法：
原始資料為：   6   5   9   7   2   8
第 1 次排序後的結果是：   5   6   7   2   8   9
第 2 次排序後的結果是：   5   6   2   7   8   9
第 3 次排序後的結果是：   5   2   6   7   8   9
第 4 次排序後的結果是：   2   5   6   7   8   9
第 5 次排序後的結果是：   2   5   6   7   8   9
排序後結果為：   2   5   6   7   8   9
------------------------------------
Process exited after 0.2737 seconds with return value 0
請按任意鍵繼續 . . .
```

程式解說

- ◆ 第 6 ～ 10 行：輸出原始資料。
- ◆ 第 12 ～ 28 行：輸出氣泡排序法的過程。
- ◆ 第 30 ～ 32 行：輸出原始資料經氣泡排序法的結果。

6-4-2 搜尋演算法

在資料處理過程中，是否能在最短時間內搜尋到所需要的資料，是一個相當值得資訊從業人員關心的議題。所謂搜尋（Search）指的是從資料檔案中找出滿足某些條件的記錄之動作，用以搜尋的條件稱為「鍵值」（Key），就如同排序所用的鍵值一樣，我們平常在電話簿中找某人的電話，那麼這個人的姓名就成為在電話簿中搜尋電話資料的鍵值。

我們每天都在搜尋許多標的物

電腦搜尋資料的優點是快速，但是當資料量很龐大時，如何在最短時間內有效的找到所需資料，是一個相當重要的課題，影響插搜尋結果的主要因素包括採用的演算法、資料儲存的方式及結構。接下來我們將要介紹相當知名的二分搜尋法。

二分搜尋法是將準備搜尋的資料事先排序好，再將資料分割成兩等份，接著比較鍵值與中間值的大小，如果鍵值小於中間值，可確定要找的資料在前半段的元素，否則在後半部。如此分割數次直到找到或確定不存在為止。例如以下已排序數列 2、3、5、8、9、11、12、16、18 ，而所要搜尋值為 11 時：

首先跟第五個數值 9 比較：

因為 11 ＞ 9，所以和後半部的中間值 12 比較：

因為 11 ＜ 12，所以和前半部的中間值 11 比較：

因為 11=11，表示搜尋完成，如果不相等則表示找不到。

範例程式 **CH06_13.cpp** ▶ 請設計一 C++ 程式，以 C++ 的亂數函數產生 1 ～ 150 間的 80 個整數，並實作二分搜尋法的過程與步驟。

```cpp
01    #include<iostream>
02    #include<iomanip>
03    #include<cstdlib>
04    using namespace std;
05    int bin_search(int data[80],int val);
06    int main(void)
07    {
08        int num,val=1,data[80]={0};
09        for (int i=0;i<80;i++)
10        {
11            data[i]=val;
12            val+=(rand()%5+1);
13        }
14        while (1)
15        {
```

```
16              num=0;
17              cout<<" 請輸入搜尋鍵值 (1-150)，輸入 -1 結束：";
18              cin>>val;
19              if(val==-1)
20                  break;
21              num=bin_search(data,val);
22              if(num==-1)
23                  cout<<"##### 沒有找到 ["<<setw(3)<<val<<"] #####"<<endl;
24              else
25                  cout<<" 在第 "<<setw(2)<<num+1<<" 個位置找到 ["<<setw(3)
                    <<data[num]<<"]"<<endl;
26          }
27      cout<<" 資料內容："<<endl;
28      for(int i=0;i<8;i++)
29      {
30          for(int j=0;j<10;j++)
31              cout<<setw(3)<<i*10+j+1<<"-"<<setw(3)<<data[i*10+j];
32          cout<<endl;
33      }
34      cout<<endl;
35      return 0;
36  }
37  int bin_search(int data[80],int val)
38  {
39      int low,mid,high;
40      low=0;
41      high=79;
42      cout<<" 搜尋處理中 ......"<<endl;
43      while(low <= high && val !=-1)
44      {
45          mid=(low+high)/2;
46          if(val<data[mid])
47          {
48              cout<<val<<" 介於位置 "<<low+1<<"["<<setw(3)<<data[low]<<"]
                及中間值 "<<mid+1<<"["<<setw(3)<<data[mid]<<"]，找左半邊
                "<<endl;
49              high=mid-1;
50          }
51          else if(val>data[mid])
52          {
53              cout<<val<<" 介於中間值位置 "<<mid+1<<"["<<setw(3)<<data
                [mid]<<"] 及 "<<high+1<<"["<<setw(3)<<data[high]<<"]，找右半
                邊 "<<endl;
54                  low=mid+1;
55          }
56          else
```

```
57              return mid;
58         }
59      return -1;
60  }
```

執行結果

```
請輸入搜尋鍵值<1-150>，輸入-1結束：69
搜尋處理中......
69 介於位置 1[  1]及中間值 40[115]，找左半邊
69 介於中間值位置 20[ 56]及39[114]，找右半邊
69 介於位置 21[ 58]及中間值 30[ 86]，找右半邊
69 介於位置 21[ 58]及中間值 25[ 72]，找左半邊
69 介於中間值位置 22[ 60]及24[ 68]，找右半邊
69 介於中間值位置 23[ 65]及24[ 68]，找右半邊
69 介於中間值位置 24[ 68]及24[ 68]，找右半邊
##### 沒有找到[ 69] #####
請輸入搜尋鍵值<1-150>，輸入-1結束：60
搜尋處理中......
60 介於位置 1[  1]及中間值 40[115]，找左半邊
60 介於中間值位置 20[ 56]及39[114]，找右半邊
60 介於位置 21[ 58]及中間值 30[ 86]，找左半邊
60 介於位置 21[ 58]及中間值 25[ 72]，找左半邊
在第 22個位置找到 [ 60]
請輸入搜尋鍵值<1-150>，輸入-1結束：-1
資料內容：
 1-  1  2-  3  3-  6  4- 11  5- 12  6- 17  7- 22  8- 26  9- 30 10- 33
11- 38 12- 39 13- 40 14- 42 15- 45 16- 47 17- 49 18- 50 19- 53 20- 56
21- 58 22- 60 23- 65 24- 68 25- 72 26- 75 27- 78 28- 80 29- 82 30- 86
31- 87 32- 90 33- 92 34- 94 35- 98 36-103 37-106 38-109 39-114 40-115
41-120 42-124 43-126 44-129 45-133 46-137 47-142 48-144 49-146 50-150
51-154 52-157 53-162 54-165 55-168 56-171 57-176 58-180 59-182 60-187
61-191 62-193 63-194 64-195 65-198 66-202 67-204 68-205 69-208 70-213
71-217 72-219 73-220 74-221 75-226 76-227 77-228 78-230 79-232 80-236


-----------------------------------
Process exited after 7.849 seconds with return value 0
請按任意鍵繼續 . . .
```

程式解說

◆ 第 9 ～ 13 行：以 C++ 的亂數函數產生 1 ～ 150 間的 80 個整數。

◆ 第 14 ～ 26 行：實作二分搜尋法的過程與步驟。

◆ 第 28 ～ 34 行：輸出資料內容。

◆ 第 37 ～ 60 行：二分搜尋法實作的函數。

★ 課 後 評 量

1. 何謂形式參數（Formal Parameter）與實際參數（Actual Parameter）？

2. C++ 中的函數可區分為哪兩種？試說明之。

3. 請簡述遞迴函數的意義與特性。

4. 試簡述傳值呼叫（call by value）的功用與特性。

5. 請說明傳址呼叫時要加上哪兩個運算子？

6. 請問使用二元搜尋法（Binary Search）的前提條件是什麼？

7. 有關二元搜尋法，下列敘述何者正確：

    (A) 檔案必須事先排序

    (B) 當排序資料非常小時，其時間會比循序搜尋法慢

    (C) 排序的複雜度比循序搜尋法高

    (D) 以上皆正確

APCS 檢定考古題

1. 以下 F() 函式執行後，輸出為何？〈105 年 10 月觀念題〉

```
void F( ) {
    char t, item[] = {'2', '8', '3', '1', '9'};
    int a, b, c, count = 5;
    for (a=0; a<count-1; a=a+1) {
        c = a;
        t = item[a];
        for (b=a+1; b<count; b=b+1) {
            if (item[b] < t) {
                c = b;
                t = item[b];
            }
            if ((a==2) && (b==3)) {
                printf ("%c %d\n", t, c);
            }
        }
    }
}
```

(A) 1 2   (B) 1 3   (C) 3 2   (D) 3 3

解答 (B) 1 3

2. 若以 f(22) 呼叫下列 f() 函式，總共會印出多少數字？〈105 年 3 月觀念題〉

```
void f(int n) {
    printf ("%d\n", n);
    while (n != 1) {
        if ((n%2)==1) {
            n = 3*n + 1;
        }
        else {
            n = n / 2;
        }
        printf ("%d\n", n);
    }
}
```

(A) 16   (B) 22   (C) 11   (D) 15

解答 (A) 16

解答是試著將 n=22 帶入 f(22) 再觀察所有的輸出過程。

3. 下列 f() 函式執行後所回傳的值為何？〈105 年 3 月觀念題〉

```
int f() {
    int p = 2;
    while (p < 2000) {
        p = 2 * p;
    }
    return p;
}
```

(A) 1023　　　　　(B) 1024　　　　　(C) 2047　　　　　(D) 2048

解答 (D) 2048

起始值：p=2

…………

第十次迴圈：p=2*p=2*1024=2048

4. 下列 f() 函式 (A), (B), (C) 處需分別填入哪些數字，方能使得 f(4) 輸出 2468 的結果？〈105 年 3 月觀念題〉

```
int f(int n) {
    int p = 0;
    int i = n;
    while (i >= (a) ) {
        p = 10 - (b) * i;
        printf ("%d", p);
        i = i - (c) ;
    }
}
```

(A) 1, 2, 1　　　　(B) 0, 1, 2　　　　(C) 0, 2, 1　　　　(D) 1, 1, 1

解答 (A) 1, 2, 1

輸出的第一個數字是 2，即 p=10-(b)*i=2，此處題目傳入的 i 值為 4，直接帶入求解得知 (b) =2，因此選項 (A) 的迴圈執行次數為 4，因此 (a) =1。

5. 給定下列函式 F()，執行 F() 時哪一行程式碼可能永遠不會被執行到？

〈106 年 3 月觀念題題〉

```
void F (int a) {
    while (a < 10)
        a = a + 5;
    if (a < 12)
        a = a + 2;
    if (a <= 11)
        a = 5;
}
```

(A) a = a + 5;   (B) a = a + 2;

(C) a = 5;   (D) 每一行都執行得到

解答 (C) a = 5;

選項 (C) a = 5; 這一行程式碼永遠不會執行到，因為跳離條件是 a<10，因此當離開此 while 迴圈時，a 值必定大於 10。接著如果 if (a < 12) 成立，只有 a=10 或 a=11，當成立時，接著要執行 a=a+2 的敘述，因此 a 的值只能 12 或 13，因此 a<=11 永遠不會成立。

6. 給定下列程式，其中 s 有被宣告為全域變數，請問程式執行後輸出為何？

〈106 年 3 月觀念題〉

```
int s = 1;  // 全域變數
void add (int a) {
    int s = 6;
    for( ; a>=0; a=a-1) {
        printf("%d,", s);
        s++;
        printf("%d,", s);
    }
}
int main () {
    printf("%d,", s);
    add(s);
    printf("%d,", s);
    s = 9;
```

```
        printf("%d", s);
        return 0;
}
```

(A) 1,6,7,7,8,8,9   (B) 1,6,7,7,8,1,9   (C) 1,6,7,8,9,9,9   (D) 1,6,7,7,8,9,9

解答 (B) 1,6,7,7,8,1,9

此題主要測驗全域變數與區域變數的觀念，請各位直接觀察主程式各行印出 s 值的變化。

7. 小藍寫了一段複雜的程式碼想考考你是否了解函式的執行流程。請回答程式最後輸出的數值為何？〈106 年 3 月觀念題〉

```
int g1 = 30, g2 = 20;
int f1(int v) {
    int g1 = 10;
    return g1+v;
}
int f2(int v) {
    int c = g2;
    v = v+c+g1;
    g1 = 10;
    c = 40;
    return v;
}
int main() {
    g2 = 0;
    g2 = f1(g2);
    printf("%d", f2(f2(g2)));
    return 0;
}
```

(A) 70   (B) 80   (C) 100   (D) 190

解答 (A) 70

本題也在測驗全域變數及區域變數的理解程度。在主程式中 main() 中，g2 為全域變數，在 f1() 函式中 g1 為區域變數，在 f2() 函式中 g1 為全域變數，但是 g2 為區域變數。

8. 給定一陣列 a[10]={1, 3, 9, 2, 5, 8, 4, 9, 6, 7}，i.e., a[0]=1, a[1]=3, ..., a[8]=6, a[9]=7，以 f(a, 10) 呼叫執行以下函式後，回傳值為何？〈105 年 3 月觀念題〉

```
int f (int a[], int n) {
    int index = 0;
    for (int i=1; i<=n-1; i=i+1) {
        if (a[i] >= a[index]) {
            index = i;
        }
    }
    return index;
}
```

(A) 1　　　　　　(B) 2　　　　　　(C) 7　　　　　　(D) 9

解答 (C) 7

9. 下列程式執行後輸出為何？〈105 年 10 月觀念題〉

```
int G (int B) {
    B = B * B;
    return B;
}
int main () {
    int A=0, m=5;
    A = G(m);
    if (m < 10)
        A = G(m) + A;
    else
        A = G(m);
    printf ("%d \n", A);
    return 0;
}
```

(A) 0　　　　　　(B) 10　　　　　　(C) 25　　　　　　(D) 50

解答 (D) 50

直接從主程式下手，A=0, m=5

A=G(5)=5*5=25，因為 m=5 符合 if (m < 10) 條件式，

故 A=G(5)+A=G(5)+25=5*5+25=50

10. 給定函式 A1()、A2() 與 F() 如下，以下敘述何者有誤？〈106 年 3 月觀念題〉

```
void A1 (int n) {
    F(n/5);
    F(4*n/5);
}
```

```
void A2 (int n) {
    F(2*n/5);
    F(3*n/5);
}
```

```
void F (int x) {
    int i;
    for (i=0; i<x; i=i+1)
        printf("*");
        if (x>1) {
            F(x/2);
            F(x/2);
        }
}
```

(A) A1(5) 印的 '*' 個數比 A2(5) 多

(B) A1(13) 印的 '*' 個數比 A2(13) 多

(C) A2(14) 印的 '*' 個數比 A1(14) 多

(D) A2(15) 印的 '*' 個數比 A1(15) 多

解答 (D) A2(15) 印的 '*' 個數比 A1(15) 多

11. 若函式 rand() 的回傳值為一介於 0 和 10000 之間的亂數，下列那個運算式可產生介於 100 和 1000 之間的任意數 (包含 100 和 1000) ？

〈106 年 3 月觀念題〉

(A) rand() % 900 + 100

(B) rand() % 1000 + 1

(C) rand() % 899 + 101

(D) rand() % 901 + 100

解答 (D) rand() % 901 + 100

12. 函數 f 定義如下，如果呼叫 f(1000)，指令 sum=sum+i 被執行的次數最接近下列何者？〈105 年 3 月觀念題〉

```
int f (int n) {
    int sum=0;
    if (n<2) {
        return 0;
    }
    for (int i=1; i<=n; i=i+1) {
        sum = sum + i;
    }
    sum = sum + f(2*n/3);
    return sum;
}
```

(A) 1000 　　　(B) 3000 　　　(C) 5000 　　　(D) 10000

解答 (B) 3000

這道題目是一種遞迴的問題，這個題目在問如果呼叫 f(1000)，指令 sum=sum+i 被執行的次數。

13. 請問以 a(13,15) 呼叫下列 a() 函式，函式執行完後其回傳值為何？
〈105 年 3 月觀念〉

```
int a(int n, int m) {
    if (n < 10) {
        if (m < 10) {
            return n + m ;
        }
        else {
            return a(n, m-2) + m ;
        }
    }
    else {
        return a(n-1, m) + n ;
    }
}
```

(A) 90 　　　(B) 103 　　　(C) 93 　　　(D) 60

解答 (B) 103

此題也是遞迴的問題。

14. 一個費式數列定義第一個數為 0 第二個數為 1 之後的每個數都等於前兩個
數相加，如下所示：0、1、1、2、3、5、8、13、21、34、55、89…。

下列的程式用以計算第 N 個 (N≥2) 費式數列的數值，請問 (a) 與 (b) 兩個空
格的敘述 (statement) 應該為何？〈105 年 3 月觀念題〉

```
int a=0;
int b=1;
int i, temp, N;
...
for (i=2; i<=N; i=i+1) {
    temp = b;
    _____(a)_____;
    a = temp;
    printf ("%d\n",__(b)__);
    }
```

(A) (a) f[i]=f[i-1]+f[i-2]   (b) f[N]

(B) (a) a = a + b   (b) a

(C) (a) b = a + b   (b) b

(D) (a) f[i]=f[i-1]+f[i-2]   (b) f[i]

解答 (C) (a) b = a + b   (b) b

15. 給定下列 g() 函式，g(13) 回傳值為何？〈105 年 3 月觀念題〉

```
int g(int a) {
    if (a > 1) {
        return g(a - 2) + 3;
    }
    return a;
}
```

(A) 16   (B) 18   (C) 19   (D) 22

解答 (C) 19

直接帶入遞迴寫出過程：

g(13)=g(11)+3=g(9)+3+3=g(7)+3+6=g(5)+3+9=g(3)+3+12=g(1)+3+15=19

16. 給定下列函式 f1() 及 f2()。f1(1) 運算過程中，以下敘述何者為錯？
〈105 年 3 月觀念題〉

```
void f1 (int m) {
    if (m > 3) {
        printf ("%d\n", m);
        return;
    }
    else {
        printf ("%d\n", m);
        f2(m+2);
        printf ("%d\n", m);
    }
}

void f2 (int n) {
    if (n > 3) {
        printf ("%d\n", n);
        return;
    }
    else {
        printf ("%d\n", n);
        f1(n-1);
        printf ("%d\n", n);
    }
}
```

(A) 印出的數字最大的是 4　　　　(B) f1 一共被呼叫二次

(C) f2 一共被呼叫三次　　　　　(D) 數字 2 被印出兩次

解答 (C) f2 一共被呼叫三次

17. 下列程式輸出為何？〈105 年 3 月觀念題〉

```
void foo (int i) {
    if (i <= 5) {
        printf ("foo: %d\n", i);
    }
    else {
        bar(i - 10);
    }
}

void bar (int i) {
    if (i <= 10) {
        printf ("bar: %d\n", i);
    }
    else {
        foo(i - 5);
    }
}

void main() {
    foo(15106);
    bar(3091);
    foo(6693);
}
```

(A) bar: 6
    bar: 1
    bar: 8

(B) bar: 6
    foo: 1
    bar: 3

(C) bar: 1
    foo: 1
    bar: 8

(D) bar: 6
    foo: 1
    foo: 3

解答 (A) bar: 6
      bar: 1
      bar: 8

本題的數字太大，建議先行由小字數開始尋找規律性，這個例子主要考各位兩個函數間的遞迴呼叫。

18. 下列為一個計算 n 階層的函式，請問該如何修改才會得到正確的結果？
〈105 年 3 月觀念題〉

```
1. int fun (int n) {
2.     int fac = 1;
3.     if (n >= 0) {
4.         fac = n * fun(n - 1);
5.     }
6.     return fac;
7. }
```

(A) 第 2 行，改為 int fac = n;

(B) 第 3 行，改為 if (n > 0) {

(C) 第 4 行，改為 fac = n * fun(n+1);

(D) 第 4 行，改為 fac = fac * fun(n-1);

解答 (B) 第 3 行，改為 if (n > 0){

19. 下列 g(4) 函式呼叫執行後，回傳值為何？

```
int f (int n) {
    if (n > 3) {
        return 1;
    }
    else if (n == 2) {
        return (3 + f(n+1));
    }
    else {
        return (1 + f(n+1));
    }
}

int g(int n) {
    int j = 0;
    for (int i=1; i<=n-1; i=i+1) {
        j = j + f(i);
    }
    return j;
}
```

(A) 6 　　　　　　(B) 11 　　　　　　(C) 13 　　　　　　(D) 14

解答 (C) 13

由 g() 函式內的 for 迴圈可以看出：

g(4)=f(1)+f(2)+f(3)

　　=(1+f(2))+(3+f(3))+(1+f(4))

　　=(1+3+f(3))+(3+1+f(4))+(1+1))

　　=(1+3+1+f(4))+(3+1+1)+(1+1)

　　=(1+3+1+1)+(3+1+1)+(1+1)

　　=6+5+2

　　=13

20. 下列 Mystery() 函式 else 部分運算式應為何，才能使得 Mystery(9) 的回傳值為 34。〈105 年 3 月觀念題〉

```
int Mystery (int x) {
    if (x <= 1) {
        return x;
    }
    else {
        return _____ ;
    }
}
```

(A) x + Mystery(x-1)

(B) x * Mystery(x-1)

(C) Mystery(x-2) + Mystery(x+2)

(D) Mystery(x-2) + Mystery(x-1)

解答 (D) Mystery(x-2) + Mystery(x-1)

此題在考費氏數列的問題，因此，Mystery(9)= Mystery(7)+ Mystery(8)

=13+21=34。

21. 給定下列 G(), K() 兩函式，執行 G(3) 後所回傳的值為何？〈105 年 10 月觀念題〉

```
int K(int a[], int n) {
    if (n >= 0)
        return (K(a, n-1) + a[n]);
    else
        return 0;
}

int G(int n){
    int a[] = {5,4,3,2,1};
    return K(a, n);
}
```

(A) 5　　　　　　　(B) 12　　　　　　(C) 14　　　　　　(D) 15

解答 (C) 14

22. 下列函式以 F(7) 呼叫後回傳值為 12，則 <condition> 應為何？

〈105 年 10 月觀念題〉

```
int F(int a) {
    if ( <condition> )
        return 1;
    else
        return F(a-2) + F(a-3);
}
```

(A) a < 3　　　　(B) a < 2　　　　(C) a < 1　　　　(D) a < 0

解答 (D) a < 0

　　以選項 (A) 為例，當函數的參數 a 小於 3 則回傳數值 1。

23. 下列主程式執行完三次 G() 的呼叫後，p 陣列中有幾個元素的值為 0 ？

   〈105 年 10 月觀念題〉

```
int K (int p[], int v) {
    if (p[v]!=v) {
        p[v] = K(p, p[v]);
    }
    return p[v];
}

void G (int p[], int l, int r) {
    int a=K(p, l), b=K(p, r);
    if (a!=b) {
        p[b] = a;
    }
}

int main (void) {
    int p[5]={0, 1, 2, 3, 4};
    G(p, 0, 1);
    G(p, 2, 4);
    G(p, 0, 4);
    return 0;
}
```

(A) 1   (B) 2   (C) 3   (D) 4

解答 (C) 3

   陣列 p 的內容為 {0,0,0,3,2}。

24. 下列 G() 應為一支遞迴函式,已知當 a 固定為 2,不同的變數 x 值會有不同
的回傳值如下表所示。請找出 G() 函式中 (a) 處的計算式該為何?

〈105 年 10 月觀念題〉

```
int G (int a, int x) {
    if (x == 0)
        return 1;
    else
        return____(a)___;
}
```

a 值	x 值	G(a, x) 回傳值
2	0	1
2	1	6
2	2	36
2	3	216
2	4	1296
2	5	74776

(A) ((2*a)+2) * G(a, x - 1)

(B) (a+5) * G(a-1, x - 1)

(C) ((3*a)-1) * G(a, x - 1)

(D) (a+6) * G(a, x - 1)

解答 (A) ((2*a)+2) * G(a, x - 1)

本題建議從表格中的 a,x 值逐一帶入選項 (A) 到選項 (D),去驗證所
求的 G(a,x) 的值是否和表格中的值相符,就可以推算出答。

25. 下列 G() 為遞迴函式,G(3, 7) 執行後回傳值為何?〈105 年 10 月觀念題〉

```
int G (int a, int x) {
    if (x == 0)
        return 1;
    else
        return (a * G(a, x - 1));
}
```

(A) 128   (B) 2187   (C) 6561   (D) 1024

解答 (B) 2187

直接帶入值求解

26. 下列函式若以 search (1, 10, 3) 呼叫時，search 函式總共會被執行幾次？

〈105 年 10 月觀念題〉

```
void search (int x, int y, int z) {
    if (x < y) {
        t = ceiling ((x + y)/2);
        if (z >= t)
            search(t, y, z);
        else
            search(x, t - 1, z);
    }
}
註：ceiling() 為無條件進位至整數位。例如 ceiling(3.1)=4, ceiling(3.9)=4。
```

(A) 2   (B) 3   (C) 4   (D) 5

解答 (C) 4

提示當「x>=y」時，就不會執行遞迴函數的呼叫，因此，當 x 值大於或等於 y 值時，就會結束遞迴。

27. 若以 B(5,2) 呼叫下列 B() 函式，總共會印出幾次 "base case"？

〈106 年 3 月觀念題〉

```
int B (int n, int k) {
    if (k == 0 || k == n){
        printf ("base case\n");
        return 1;
    }
    return B(n-1,k-1) + B(n-1,k);
}
```

(A) 1   (B) 5   (C) 10   (D) 19

解答 (C) 10

也是遞迴式的應用，當第二個參數 k 為 0 時或兩個參數 n 及 k 相同時，則會印出一次 "base case"。

運算思維程式講堂
打好 C++ 基礎必修課

28. 若以 G(100) 呼叫下列函式後，n 的值為何？〈106 年 3 月觀念題〉

```
int n = 0;
void K (int b) {
    n = n + 1;
    if (b % 4)
        K(b+1);
}
void G (int m) {
    for (int i=0; i<m; i=i+1) {
        K(i);
    }
}
```

(A) 25　　　　　(B) 75　　　　　(C) 150　　　　　(D) 250

解答 (D) 250

　　K 函式為一種遞迴函式，其遞迴出口條件為參數 b 為的 4 的倍數。

29. 若以 F(15) 呼叫下列 F() 函式，總共會印出幾行數字？〈106 年 3 月觀念題〉

```
void F (int n) {
    printf ("%d\n" , n);
    if ((n%2 == 1) && (n > 1)){
        return F(5*n+1);
    }
    else {
    if (n%2 == 0)
        return F(n/2);
    }
}
```

(A) 16 行　　　　　(B) 22 行　　　　　(C) 11 行　　　　　(D) 15 行

解答 (D) 15 行

　　必須先行判斷遞迴函式的出口條件，也就是 (n%2 == 1) && (n > 1)
這個條件不能成立，而且 n%2 == 0 這個條件也不能成立。

30. 若以 F(5,2) 呼叫下列 F() 函式，執行完畢後回傳值為何？〈106 年 3 月觀念題〉

```
int F (int x,int y) {
    if (x<1)
        return 1;
    else
        return F(x-y,y)+F(x-2*y,y);
}
```

(A) 1　　　　　　　(B) 3　　　　　　　(C) 5　　　　　　　(D) 8

解答 (C) 5

　　本遞迴函式的出口條件為 x<1，當 x 值小於 1 時就回傳 1。

31. 下列 F() 函式回傳運算式該如何寫，才會使得 F(14) 的回傳值為 40 ？
〈106 年 3 月觀念題〉

```
int F (int n) {
    if (n < 4)
        return n;
    else
        return_____?_____;
}
```

(A) n * F(n-1)　　　　　　　　　(B) n + F(n-3)

(C) n - F(n-2)　　　　　　　　　(D) F(3n+1)

解答 (B) n + F(n-3)

　　當 n<4 時，為 F() 函式的出口條件。

32. 下列函式兩個回傳式分別該如何撰寫，才能正確計算並回傳兩參數 a, b 之
最大公因數（Greatest CommonDivisor）？〈106 年 3 月觀念題〉

```
int GCD (int a, int b) {
int r;
    r = a % b;a
    if (r == 0)
        return _____;
    return _____;
}
```

(A) a, GCD(b,r)　　　　　　　　(B) b, GCD(b,r)

(C) a, GCD(a,r)　　　　　　　　(D) b, GCD(a,r)

解答 (B) b, GCD(b,r)

輾轉相除法，是求最大公約數的一種方法。它的做法是用較小數除較
大數，再用出現的餘數（第一餘數）去除除數，再用出現的餘數（第
二餘數）去除第一餘數，如此反覆，直到最後餘數是 0 為止。

33. 哪組資料若依序存入陣列中，將無法直接使用二分搜尋法搜尋資料？
〈105 年 10 月觀念題〉

(A) a, e, i, o, u　　　　　　　　(B) 3, 1, 4, 5, 9

(C) 10000, 0, -10000　　　　　　(D) 1, 10, 10, 10, 100

解答 (B) 3, 1, 4, 5, 9

二分搜尋法的特性必須資料事先排序，不論是由小到大或由大到小，
選項 (B) 資料沒有進行排序所以無法直接使用二分搜尋法搜尋資料。

34. 給定一個 1*8 的陣列 A，A = {0, 2, 4, 6, 8, 10, 12, 14}。下列函式 Search(x) 真正目的是找到 A 之中大於 x 的最小值。然而，這個函式有誤。請問下列 哪個函式呼叫可測出函式有誤？〈106 年 3 月觀念題〉

```
int A[8]={0, 2, 4, 6, 8, 10, 12, 14};
int Search (int x) {
    int high = 7;
    int low = 0;
    while (high > low) {
        int mid = (high + low)/2;
        if (A[mid] <= x) {
            low = mid + 1;
        }
        else {
            high = mid;
        }
    }
    return A[high];
}
```

(A) Search(-1)   (B) Search(0)

(C) Search(10)   (D) Search(16)

解答 (D) Search(16)

這個函式 Search(x) 的主要功能是找到 A 之中大於 x 的最小值。從程式 碼中可以看出此函式主要利用二分搜尋法來找尋答案。

輕鬆搞定
指標入門輕課程

C++ 語言中，指標是一個非常強而有力的工具，許多初學者經常認為指標往往是進入 C++ 領域後較難跨過的障礙，其實一點都不難。指標和其它資料型態一樣，只是一種儲存記憶體位址的資料型態，也就是記錄位址的工具。指標的工作就是用來記錄這個變數所在的位址，並可以藉由指標變數間接存取該變數的內容。各位可以想像成指標就好比房間門口的指示牌，跟著指示牌中就能找到想要的資料。

7-1 認識指標

我們知道在 C 中可以宣告變數來儲存數值，而指標其實也可以看成是一種變數，所不同的是指標並不儲存數值，而是記憶體的位址。也就是說，指標（Pointer），是一種變數型態，其內容就是記憶體的地址。在 C 中要儲存與操作記憶體的位址，就是使用指標變數，指標變數的作用類似於變數，但功能比一般變數更為強大。

7-1-1 宣告指標變數

當程式中宣告一個指標變數時，記憶體配置的情形與一般變數相同。宣告指標變數時，首先必須定義指標的資料型態，並於資料型態後加上「*」字號（稱為取值運算子或反參考運算子），再給予指標名稱，即可完成宣告。「*」的功用是做為止取得指標所指向變數的內容。指標變數宣告方式如下：

```
資料型態 *指標名稱；
```

或

```
資料型態 *  指標名稱 ;
```

由於指標也是一種變數，命名規則與一般變數規則相同。通常我們會建議指標命名時，在變數名稱前加上小寫 p，若是整數型態指標時，則可於變數名稱前加上「pi」兩個小寫字母，「i」代表整數型別（int）。在此要再次提醒各位，良好的命名規則，對於程式日後的判讀與維護，有非常大的幫助。

特別補充一點，一旦確定指標所指向的資料型態，就不能再更改了，指標變數也不能另外指向不同資料型態的變數。以下是幾個整數指標變數的宣告方式，它所存放的位址必須是一個整數變數的位址。當然指標變數宣告時也可設定初值為 0 或是 NULL 來增加可讀性：

```
int* x;
int *x, *y;
int *x=0;
int *y=NULL
```

在指標變數宣告之後，如果沒有指定其初始值，則指標所指向的記憶體位址將是未知的，各位也不能對未初始化的指標進行存取，因為它可能指向一個正在使用的記憶體位址。要指定指標的值，可以使用 & 取址運算子將某個變數所指向的記憶體位址指定給指標，如下所示：

```
資料型態 * 指標變數 ;
指標變數 =& 變數名稱 ; /* 變數名稱已定義或宣告 */
```

如下指令中，將指標變數 address1 指向一個已宣告的整數變數 num1：

```
int num1 = 10;
int *address1;
address1 = &num1;
```

此外,也不能直接將指標變數的初始值設定數值,這樣會造成指標變數指向不合法位址。例如:

```
int* piVal=10;   /* 不合法指令 */
```

對指標既期待又怕受傷害的讀者不用擔心,接著我們再舉出一個簡單的例子來說明。假設程式碼中宣告了三個變數 a1、a2 與 a3,其值分別為 40、58,以及 71。程式碼敘述如下:

```
int a1=40, a2=58, a3=71; /* 宣告三個整數變數 */
```

首先假設這三個變數在記憶體中分別佔用第 102、200 與 202 號的位址。接下來,我們以 * 運算子來宣告三個指標變數 p1、p2,以及 p3,如以下程式碼所示:

```
int *p1,*p2,*p3;                /* 使用 * 符號宣告指標變數 */
```

其中,*p1、*p2 與 *p3 前方的 int 表示這三個變數都是指向整數型態。接下來,我們以 & 運算子取出 a1、a2 與 a3 這三個變數的位址,並儲存至 p1、p2 與 p3 三個變數,如以下程式碼:

```
p1 = &a1;
p2 = &a2;
p3 = &a3;
```

p1、p2 與 p3 這三個變數的內容分別是 102、200,以及 202,如下圖所示。

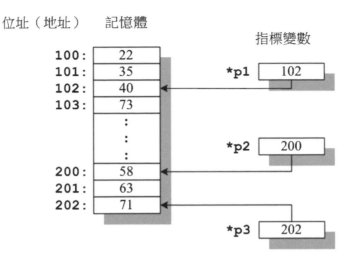

指標與記憶體的關係說明圖

範例程式 **CH07_01.cpp** ▶ 以下程式範例是說明整數與雙精度實數指標變數的位址、資料內容及指標變數所佔用的記憶空間等相關內容，對指標不太清楚的朋友，可要好好研究這個標準範例！

```
01   #include <iostream>
02
03   using namespace std;
04
05   int main()
06   {
07       int iVal=10;          // 整數變數
08       double dVal=123.45;   // 倍精度實數變數
09
10       int* piVal=NULL;      // 宣告為空指標
11       piVal= &iVal;         // 整數型態的指標變數，指向 iVal 變數位址
12
13       double* pdVal=&dVal;  // 實數型態的指標變數，指向 fVal 變數位址
14
15       cout<<"piVal 變數位址為 "<<piVal<<endl;
16       cout<<"piVal 變數所指向位址的資料內容為 "<<*piVal<<endl;
17
18       *piVal=20; // 重新指定 piVal 指標變數的資料內容為 20
```

```
19          cout<<"piVal 指標變數重新設定後,iVal 的資料內容同步更改為 "<<iVal<<endl;
20          cout<<" 整數 iVal 所佔用的記憶空間為 :"<<sizeof(iVal)<<" 位元 "<<endl;
21          cout<<" 整數指標變數 piVal 所佔用的記憶空間為 :"<<sizeof(piVal)<<" 位元 "
            <<endl<<endl;
22
23          cout<<"pdVal 變數位址為 "<<pdVal<<endl;
24          cout<<"pdVal 變數所指向位址的資料內容為 "<<*pdVal<<endl;
25
26          *pdVal=67.1234;  // 重新指定 pdVal 指標變數的資料內容為 67.1234
27          cout<<"pdVal 指標變數重新設定後,dVal 的資料內容同步更改為 "<<dVal<<endl;
28          cout<<" 倍精度實數 dVal 所佔用的記憶空間為 :"<<sizeof(dVal)<<" 位元 "<<endl;
29          cout<<" 倍精度實數指標變數pdVal所佔用的記憶空間為 :"<<sizeof(pdVal)<<endl;
30
31
32          return 0;
33  }
```

執行結果

```
piVal 變數位址為0x6ffe2c
piVal 變數所指向位址的資料內容為10
piVal 指標變數重新設定後,iVal的資料內容同步更改為20
整數iVal所佔用的記憶空間為:4位元
整數指標變數piVal所佔用的記憶空間為:8位元

pdVal 變數位址為0x6ffe20
pdVal 變數所指向位址的資料內容為123.45
pdVal 指標變數重新設定後,dVal的資料內容同步更改為67.1234
倍精度實數dVal所佔用的記憶空間為:8位元
倍精度實數指標變數pdVal所佔用的記憶空間為:8
-----------------------------------
Process exited after 0.09833 seconds with return value 0
請按任意鍵繼續 . . .
```

程式解說

* 第 7 ～ 8 行：分別宣告 iVal 整數變數與 dVal 倍精度實數變數。

* 第 10 ～ 11 行：宣告時先設定初值為 0，日後需要使用指標時，再指派變數位址給指標變數。

- ◆ 第 13 行：實數型態的指標變數，宣告時即指派初值。

- ◆ 第 18 行：重新指定 piVal 指標變數的資料內容為 20，此時 iVal 變數的資料內容同步更改為 20。

- ◆ 第 20 ～ 21 行：利用 sizeof() 函數求 iVal 與 piVal 的記憶空間大小。

- ◆ 第 26 行：重新指定 pdVal 指標變數的資料內容為 67.1234，此時 dVal 的資料內容同步更改為 67.1234。

- ◆ 第 28 ～ 29 行：利用 sizeof() 函數求 dVal 與 pdVal 的記憶空間大小。

7-2　多重指標

　　由於指標變數所儲存的是所指向的記憶體位址，對於它本身所佔有的記憶體空間也擁有一個位址，因此我們可以宣告「指標的指標」（pointer of pointer），就是「指向指標變數的指標變數」來儲存指標所使用到的記憶體位址與存取變數的值，或者可稱為「多重指標」。

7-2-1　雙重指標

　　所謂雙重指標，就是指向指標的指標，通常是以兩個 * 表示，也就是「**」。事實上，雙重指標並不是一個困難的概念。各位只要想像原本的指標是指向基本資料型態，例如整數、浮點數等等。而現在的雙重指標一樣是一個指標，只是它指向目標是另一個指標。雙重指標的語法格式如下：

```
資料型態 ** 指標變數；
```

以下我們利用一個範例說明，假設整數 a1 設定為 10，指標 ptr1 指向 a1，
而指標 ptr2 指向 ptr1。則程式碼如下所示：

```
int a1=10;              /* 設定基本整數值 a 為 10*/
int *ptr1, **ptr2;      /* 整數指標 ptr1 與雙重指標 ptr2*/
ptr1=&a1;               /* 將 a1 位址指定給 ptr1 */
ptr2=&ptr1;             /* 將 ptr1 位址指定給雙重指標 ptr2 */
```

至於整數 a1、指標 ptr1，與指標 ptr2 之間的關係，上述的程式碼可以由
下圖來加以說明：

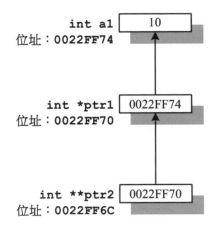

其中 int **ptr2 就是雙重指標，指向「整數指標」。而 int *ptr1 存放的是
a1 變數的位址，而 ptr2 變數存放的是 ptr1 變數的位址。在上圖中可以發現，
變數 a1、指標變數 *ptr1，以及雙重指標變數 *ptr2 皆佔有記憶體位址，分別
為 0022FF74、0022FF70，與 0022FF6C。

事實上，從單一指標 int *ptr1 來看，*ptr1 變數本身可以視為指向「int」
型態的指標。而從雙重指標 int **ptr2 來看，**ptr2 變數不就是指向「int *」型
態的指標了嗎？

範例程式 **CH07_02.cpp** ▶ 以下程式範例主要是說明雙重指標的宣告與使用，觀念就在表示除了 **ptr1** 是指向 **num** 的位址，則 ***ptr1=10**。另外 **ptr2** 是指向 **ptr1** 的位址，因此 ***ptr2=ptr1**，而經過兩次「反參考運算子」的運算後，得到 ****ptr2=10**。

```cpp
01   #include <iostream>
02
03   using namespace std;
04
05   int main()
06   {
07       int num = 10;
08       int *ptr1 = &num;//ptr 指向 num 變數位址
09       int **ptr2 = &ptr1;//ptr2 是指向 ptr1 的指標
10
11
12       cout<<"---------------------------------------------------"<<endl;
13       cout<<"num="<<num<<" &num="<<&num<<endl;
14       cout<<"---------------------------------------------------"<<endl;
15       cout<<"&ptr1="<<&ptr1<<" ptr1="<<ptr1<<" *ptr1= "<<*ptr1<<endl;
16       cout<<"---------------------------------------------------"<<endl;
17       cout<<"&ptr2="<<&ptr2<<" ptr2="<<ptr2<<" *ptr2="<<*ptr2
                  <<" **ptr2="<<**ptr2<<endl;
18       cout<<"---------------------------------------------------"<<endl;
19
20
21       return 0;
22   }
```

執行結果

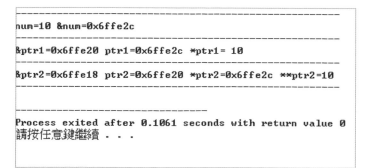

```
---------------------------------------------------
num=10 &num=0x6ffe2c
---------------------------------------------------
&ptr1=0x6ffe20 ptr1=0x6ffe2c *ptr1= 10
---------------------------------------------------
&ptr2=0x6ffe18 ptr2=0x6ffe20 *ptr2=0x6ffe2c **ptr2=10
---------------------------------------------------

------------------------------------
Process exited after 0.1061 seconds with return value 0
請按任意鍵繼續 . . .
```

程式解說

- 第 8 行：ptr1 是指向 num 的指標。

- 第 9 行：ptr2 是指向 ptr1 的整數型態雙重指標。

- 第 15 ～ 17 行：ptr2 所存放的內容為 ptr1 的位址 (&ptr1)，而 *ptr2 即為 ptr1 所存放的內容。各位可將 **ptr2 看成 *(*ptr2)，也就是 *(ptr1)，因此 **ptr2=*ptr1=10。

7-2-2 三重指標

既然有雙重指標，那可否有三重指標或是更多重的指標呢？當然是可以的。就像前面所說的，雙重指標就是指向指標的指標，例如三重指標就是指向「雙重指標」的指標，語法格式為：

資料型態 *** 指標變數名稱；

在此我們仍然延續上一小節的範例，假設整數 a1 設定為 10，指標 ptr1 指向 a1，而指標 ptr2 指向 ptr1，而指標 ptr3 指向 ptr2。則程式碼如下所示：

```
int a1=10;          /* 設定基本整數值 a 為 10*/
int *ptr1, **ptr2;    /* 整數指標 ptr1 與雙重指標 ptr2*/
int ***ptr3;        /* 三重指標 ptr3*/
ptr1=&a1;         /* 將 a1 位址指定給 ptr1*/
ptr2=&ptr1;          /* 將 ptr1 位址指定給雙重指標 ptr2*/
ptr3=&ptr2;          /* 將 ptr2 位址指定給雙重指標 ptr3*/
```

除了原本的 a1、*ptr1、**ptr2 之外，我們又再新增三重指標 ***ptr3。藉由 ptr3=&ptr2; 的敘述可將雙重指標 **ptr2 的位址指定給三重指標 ***ptr3。因此，ptr3 指標變數的內容為 0022FF6C，即為 ptr2 的位址。接下來，使用 ***ptr3 則可存取 a 變數的內容，所以 ***ptr3 之值即為 10。如下圖所示：

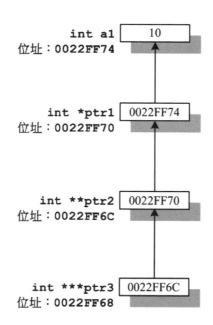

　　各位或許發現一點，如果從以上的概念圖來解釋的話，多一個「＊」符號其實就是往前推進一個箭號。因此，針對 ***ptr3 而言，就是自本身變數起移動三個箭號，便可以存取到 a1 變數的內容。所以一重指標就是「指向基本資料」的指標，雙重指標是指向「一重指標」的指標，三重指標只是「指向雙重指標」的指標，其他更多重的指標便可依此類推。例如以下的四重指標：

```
int  a1= 10;
int *ptr1 = &num;
int **ptr2 = &ptr1;
int ***ptr3 = &ptr2;
int ****ptr4 = &ptr3;
```

範例程式 **CH07_03.cpp** ▶ 以下這個程式範例宣告了三重指標的應用與實作方式，依據相同的方法，您也可以自行練習宣告更多重的指標。

```cpp
01  #include <iostream>
02
03  using namespace std;
04
05  int main()
06  {
07      int num = 10;
08      int *ptr1 = &num;    //ptr1 是指向 num 的指標
09      int **ptr2 = &ptr1;//ptr2 是指向 ptr1 的指標
10      int ***ptr3 = &ptr2;//ptr3 是指向 ptr2 的指標
11
12      cout<<"----------------------------------------------------"<<endl;
13      cout<<"num="<<num<<" &num="<<&num<<endl;
14      cout<<"----------------------------------------------------"<<endl;
15      cout<<"&ptr1="<<&ptr1<<" ptr1="<<ptr1<<" *ptr1="<<*ptr1<<endl;
16      cout<<"----------------------------------------------------"<<endl;
17      cout<<"&ptr2="<<&ptr2<<" ptr2="<<ptr2<<" *ptr2="<<*ptr2<<"
        **ptr2="<<**ptr2<<endl;
18      cout<<"----------------------------------------------------"<<endl;
19      cout<<"&ptr3="<<&ptr3<<" ptr3="<<ptr3<<" *ptr3="<<*ptr3<<"
        **ptr3="<<**ptr3<<" ***ptr3="<<***ptr3<<endl;
20      cout<<"----------------------------------------------------"<<endl;
21
22
23      return 0;
24  }
```

執行結果

```
----------------------------------------------------
num=10 &num=0x6ffdfc
----------------------------------------------------
&ptr1=0x6ffdf0 ptr1=0x6ffdfc *ptr1=10
----------------------------------------------------
&ptr2=0x6ffde8 ptr2=0x6ffdf0 *ptr2=0x6ffdfc **ptr2=10
----------------------------------------------------
&ptr3=0x6ffde0 ptr3=0x6ffde8 *ptr3=0x6ffdf0 **ptr3=0x6ffdfc ***ptr3=10
----------------------------------------------------

------------------------------------
Process exited after 0.0643 seconds with return value 0
請按任意鍵繼續 . . .
```

程式解說

- ◆ 第 8 行：ptr1 是指向 num 的指標。

- ◆ 第 9 行：ptr2 是指向 ptr1 的整數型態雙重指標。

- ◆ 第 10 行：ptr3 是指向 ptr2 的整數型態三重指標指標。

- ◆ 第 17 行：ptr2 所存放的內容為 ptr1 的位址 (&ptr1)，而 *ptr2 即為 ptr1 所存放的內容。各位可將 **ptr2 看成 *(*ptr2)，也就是 *(ptr)，因此 **ptr2=*ptr1=10。

- ◆ 第 19 行：ptr3 所存放的內容為 ptr2 的位址 (&ptr2)，而 *ptr3 即為 ptr2 所存放的內容，另外 **ptr3 即為 *ptr2 所存放的內容，至於 ***ptr2 看成 *(**ptr2)，因此 ***ptr3=**ptr2=10。

7-3 指標運算

學會了使用指標儲存變數的記憶體位址之後，各位也可以針對指標使用 + 運算子或 - 運算子來進行運算。然而當你對指標使用這兩個運算子時，並不是進行如數值般的加法或減法運算，而是針對所存放的位址來運算，也就是向右或左移動某幾個單元的記憶體位址，而移動的單位則視所宣告的資料型態所佔位元組而定。

不過對於指標的加法或減法運算，只能針對常數值 (如 +1 或 -1) 來進行，不可以做指標變數之間的相互運算。因為指標變數內容只是存放位址，而位址間的運算並沒有任何實質意義，而且容易讓指標變數指向不合法位址。

7-3-1 遞增與遞減運算

我們可以換個角度來想，在現實生活中的門牌號碼，雖然是以數字的方式呈現，但是否能夠運算？運算後又有什麼樣的意義呢？例如將中山路 10 號加 2，其實可以知道是往門牌號碼較大的一方移動 2 號，可以得到中山路 12 號；同樣地，如果將中山路 10 號減 2，可得到中山路 8 號。這樣來説，位址的加法與減法才算有意義。

由於不同的變數型態，在記憶體中所佔空間也不同，所以當指標變數加一或減一時，是以指標變數所宣告型態的記憶體大小為單位，來決定向右或向左移動多少單位。例如以下程式碼表示一個整數指標變數，名稱為 piVal，當指標宣告時所取得 iVal 的位址值為 0x2004，之後 piVal 作遞增 (++) 運算，其值將改變為 0x2008：

```
int iVal=10;
int* piVal=&iVal; /* piVal=0x2004 */
piVal++; /* piVal=0x2008 */
```

範例程式 **CH07_04.cpp** ▶ 以下程式範例是整數與雙精度實數指標變數加法與減法運算的示範與説明，並請仔細觀察各種運算後的位址變化，相信各位對指標運算的概念就容易心領神會了！

```
01   #include <iostream>
02
03   using namespace std;
04
05   int main()
06    {
07        int *int_ptr;    // 宣告整數型態指標
08        int iValue=12345;
09        double *double_ptr,dValue=1234.56;// 宣告倍精度實數型態指標
10
11        int_ptr=&iValue;
12        double_ptr=&dValue;
13
```

```
14          // 整數指標加法與減法運算
15
16              cout<<"int_ptr = "<<int_ptr<<endl;
17              int_ptr++;// 向右移 1 個整數基本記憶單位移動量
18
19              cout<<"int_ptr++ = "<<int_ptr<<endl;
20              int_ptr--; // 向左移 1 個整數基本記憶單位移動量
21
22              cout<<"int_ptr -- = "<<int_ptr<<endl;
23              int_ptr=int_ptr+3; // 向右移 3 個整數基本記憶單位移動量
24              cout<<"int_ptr+3 = "<<int_ptr<<endl<<endl<<endl;
25
26              cout<<"double_ptr = "<<double_ptr<<endl;
27              double_ptr++;// 向右移 1 個倍精度實數基本記憶單位移動量
28
29              cout<<"double_ptr++ = "<<double_ptr<<endl;
30              double_ptr--;// 向左移 1 個雙精度實數基本記憶單位移動量
31
32              cout<<"double_ptr-- = "<<double_ptr<<endl;
33              double_ptr=double_ptr+3;// 向右移 3 個雙精度實數基本記憶單位移動量
34              cout<<"double_ptr+3 = "<<double_ptr<<endl;
35
36
37              return 0;
38  }
```

執行結果

```
int_ptr = 0x6ffe3c
int_ptr++ = 0x6ffe40
int_ptr -- = 0x6ffe3c
int_ptr+3 = 0x6ffe48


double_ptr = 0x6ffe30
double_ptr++ = 0x6ffe38
double_ptr-- = 0x6ffe30
double_ptr+3 = 0x6ffe48

-----------------------------------
Process exited after 0.137 seconds with return value 0
請按任意鍵繼續 . . .
```

程式解說

- ◆ 第 7 ～ 8 行：宣告 int 指標變數與 int 變數。

- ◆ 第 9 行：宣告 double 指標變數與 double 變數。

- ◆ 第 17 行：向右移 1 個整數基本記憶單位移動量。

- ◆ 第 20 行：向左移 1 個整數基本記憶單位移動量。

- ◆ 第 23 行：向右移 3 個整數基本記憶單位移動量。

- ◆ 第 27 行：向右移 1 個倍精度實數基本記憶單位移動量。

- ◆ 第 30 行：向左移 1 個倍精度實數基本記憶單位移動量。

- ◆ 第 33 行：向右移 3 個倍精度實數基本記憶單位移動量。

課後評量

1. 試說明以下宣告的意義。

```
int* x, y;
```

2. 試說明以下運算式的意義，請詳述取址運算子（*）與乘法運算子間的用法差異。

```
*ptr = *ptr * *ptr * *ptr;
```

3. 指標的操作需透過哪兩種運算子？

4. 以下是三重指標的程式片段：

```
int num = 100;
int *ptr1 = &num;
int **ptr2 = &ptr1;
int ***ptr3 = &ptr2;
```

請回答以下問題：**ptr2 與 ***ptr3 的值為何？

5. 請問以下程式碼哪一行有錯誤？試說明原因。

```
01  int value=100;
02  int *piVal,*piVal1;
03  float *px,qx;
04  piVal= &value;
05  piVal1=piVal;
06  px=piVal1;
```

6. 指標的加法運算和一般變數加法運算有何不同？

APCS 檢定考古題

1. 下列程式片段中，假設 a, a_ptr 和 a_ptrptr 這三個變數都有被正確宣告，
   且呼叫 G() 函式時的參數為 a_ptr 及 a_ptrptr。G() 函式的兩個參數型態該
   如何宣告？〈105 年 10 月觀念題〉

```
void G (_(a)_ a_ptr, _(b)_ a_ptrptr) {
    ...
}

void main () {
    int a = 1;
    // 加入 a_ptr, a_ptrptr 變數的宣告
    ...
    a_ptr = &a;
    a_ptrptr = &a_ptr;
    G (a_ptr, a_ptrptr);
}
```

(A) (a) *int, (b) *int   (B) (a) *int, (b) **int

(C) (a) int*, (b) int*   (D) (a) int*, (b) int**

解答 (D) (a) int*, (b) int**

這是單一指標及雙重指標的用法，指標其實就可以看成是一種變數，所不
同的是指標並不儲存數值，而是記憶體的位址。

速學結構與
自訂資料型態

我們知道陣列可以看成是一種集合，可以用來記錄一組型態相同的資料，然而各位請試著考慮一種狀況，例如各位要同時記錄多筆資料型態不同的資料，陣列就不適合使用。這時 C++ 的結構型態（struct）就能派上用場。簡單來說，結構就是一種能讓使用者自訂資料型態，並將一種或多種資相關聯的資料型態集合在一起，形成全新的資料型態。C++ 中包括了結構（struct）、列舉（enum）、聯合（union）與型態定義（typedef）等 4 種自訂資料型態。

個人資料表資料就很適合應用結構型態來表示

8-1 結構簡介

結構能允許形成一種衍生資料型態（derived data type），也就是以 C++ 現有的資料型態作為基礎，允許使用者建立自訂資料型態。因此結構宣告後，只是告知編譯器產生一種新的資料型態，接著還必須宣告結構變數，才可以開始使用結構來存取其成員。例如考慮描述一位學生成績資料，這時除了要記錄學號與姓名等字串資料外，還必須定義數值資料型態來記錄如英文、國文、數學等成績，此時陣列就不適合使用。這時可以把這些資料型態組合成結構型態，來簡化資料處理的問題。

8-1-1 宣告結構變數

結構變數宣告有兩種方式：第一種方式為結構與變數分開宣告，先定義結構主體，再宣告結構變數，或者在定義結構主體時，一併宣告建立結構變數。結構的架構必須具有結構名稱與結構項目，而且必須使用 C 的關鍵字 struct 來建立，宣告方式如下所示：

```
struct 結構型態名稱
{
    資料型態 結構成員1;
    資料型態 結構成員2;
    ......
} 結構變數1;
```

或

```
結構型態名稱 結構變數2;
```

在結構定義中可以使用 C++ 的變數、陣列、指標，甚至是其它結構成員宣告等。以下是定義一個簡單結構的範例：

```
struct person
{
    char name[10];
    int age;
    int salary;
}; // 記得務必加上分號 ;
```

請各位留意在定義之後的分號不可省略，通常新手在使用結構定義資料型態時，常常會犯這項錯誤。還要特別強調的是，結構中不能有同名結構存在，以下就是一種錯誤的結構宣告：

```
struct student
{
    char name[80];
```

```
    struct student next; // 不能有同名結構
};
```

在定義了結構之後，就等於定義了一種新的資料型態，並可以依下列的宣告方式，宣告結構變數：

```
struct student s1, s2;
```

各位也可以在定義結構主體的同時宣告建立結構變數，如下所示：

```
struct student
{
    char name[10];
    int score;
    int ID;
} s1, s2;
```

或者是採用不定義結構名稱來直接宣告結構變數與同時指定初始值，如下所示：

```
struct
{
    char name[10];
    int score;
    int ID;
} s1={ "Justin",90,10001};
```

當各位定義完新的結構型態及宣告結構變數後，就可以開始使用所定義的結構成員項目。只要在結構變數後加上點號運算子 "."（dot operator）與結構成員名稱，就可以直接存取該筆資料，語法如下：

```
結構變數 . 項目成員名稱 ;
```

範例程式 CH08_01.cpp ▶ 以下程式範例是使用結構型態來定義 **student** 結構，並示範如何宣告、存取結構成員與介紹結構變數間的指定運算過程。

```cpp
01   #include <iostream>
02
03   using namespace std;
04
05   int main()
06   {
07       struct student
08       {
09           char name[10];
10           int score;
11       } s1, s2; // 結構型態的宣告與定義
12
13       cout<<" 學生姓名 =";
14       cin>>s1.name;// 輸入 s1 結構變數的 name 成員
15       cout<<" 學生成績 =";
16       cin>>s1.score;// 輸入 s1 結構變數的 score 成員
17       s2 = s1; // 結構變數的指定運算
18       cout<<"s1.name ="<<s1.name<<endl;
19       cout<<"s1.score ="<<s1.score<<endl;
20       cout<<"s2.name ="<<s2.name<<endl;
21       cout<<"s2.score ="<<s2.score<<endl;
22
23
24       return 0;
25   }
```

執行結果

```
學生姓名=陳漢昇
學生成績=95
s1.name =陳漢昇
s1.score =95
s2.name =陳漢昇
s2.score =95

------------------------------------
Process exited after 8.004 seconds with return value 0
請按任意鍵繼續 . . .
```

程式解說

- ◆ 第 7 ～ 11 行：結構型態的宣告與定義。
- ◆ 第 14 行：輸入 s1 結構變數的 name 成員。
- ◆ 第 16 行：輸入 s1 結構變數的 score 成員。
- ◆ 第 17 行：結構變數間的指定運算。

8-1-2 結構陣列

如果同時要宣告好幾筆同樣結構的資料，一筆一筆宣告似乎較沒有效率，這時各位可以將其宣告成結構陣列模式。宣告方式如下：

```
struct 結構名稱 結構陣列名稱 [ 陣列長度 ];
```

例如以下 student 型態的結構陣列 class1：

```
struct student
{
    char name[20];
    int math;
    int english;
};
struct student class1[3]=
{{" 方立源 ",88,78},{" 陳忠憶 ",80,97},{" 羅國煇 ",98,70}};
```

至於要存取結構陣列的成員，在陣列後方加上 "[索引值]" 存取該元素即可，例如：

```
結構陣列名稱 [ 索引值 ]. 陣列成員名稱
```

範例程式 **CH08_02.cpp** ▶ 以下程式範例宣告 5 個學生的結構陣列，其中每個學生的結構中又有成績的陣列成員，最後結果將列印與存取學生結構陣列的陣列成員元素。

```cpp
01   #include <iostream>
02
03   using namespace std;
04
05   int main()
06   {
07       struct student
08       {
09           char name[10];
10           int   score[3];
11       }; // 宣告 student 結構
12       struct student class1[5] = { {"Justin",  90,76,54},
13                                    {"momor",   95,88,54},
14                                    {"Becky",   98,66,90},
15                                    {"Bush",    75,54,100},
16                                    {"Snoopy",  80,88,97} };
                                     // 設定 5 個成員的初使值
17       int i;
18
19       for(i = 0; i < 5; i++)
20       {
21           cout<<" 姓名 :"<<class1[i].name<<'\t'<<" 成績："<<class1[i].
             score[0]<<'\t'
22               <<class1[i].score[1]<<'\t'<<class1[i].score[2]<<endl;
23           // 列印與存取 student 結構陣列的成員元素
24           cout<<"-----------------------------------------------"<<endl;
25       }
26
27       return 0;
28   }
```

執行結果

```
姓名:Justin      成績:90      76      54
----------------------------------------------
姓名:momor       成績:95      88      54
----------------------------------------------
姓名:Becky       成績:98      66      90
----------------------------------------------
姓名:Bush        成績:75      54      100
----------------------------------------------
姓名:Snoopy      成績:80      88      97

----------------------------------------------
Process exited after 0.08272 seconds with return value 0
請按任意鍵繼續 . . .
```

程式解說

◆ 第 12 ～ 16 行：設定 5 個成員的初使值。

◆ 第 21 ～ 22 行：輸出與存取 student 結構陣列的陣列

8-1-3 巢狀結構

結構內的成員除了可以宣告各種不同資料型態的變數外，這些資料型態也可以是一種自訂的結構型態，這種在結構中宣告建立另一個結構的結構，就是所謂的巢狀結構。就如同一個書包（外層結構）裡面還裝有數個資料夾（裡層結構）。如下圖所示：

書包

資料夾

巢狀結構的宣告格式如下：

```
struct 結構名稱 1
{
    ......
};
struct 結構名稱 2
{
......
    struct 結構名稱 1 變數名稱 ;
    ......
}
```

例如在下面的程式碼片段中，定義了 employee 結構，並在其中使用原先定義好的 name 結構中宣告了 employee_name 成員及定義 m1 結構變數：

```
struct name
{
    char first_name[10];
    char last_name[10];
};
struct employee
{
    struct name employee_name;
    char mobil[10];
    int salary;
} m1={ {" 致遠 "," 陳 "},"0932888777",40000};
```

當然也可以將巢狀結構用以下的方式來撰寫，將內層結構被包於外層結構之下，可省略內層結構的名稱定義：

```
struct employee
{
    struct
    {
        char first_name[10];
        char last_name[10];
    } employee_name;
    char mobil[10];
```

```
    int salary;
} m1={ {" 致遠 "," 陳 "},"0932888777",40000};
```

巢狀結構的成員存取方式由外層結構物件加上小數點「.」，以存取內層結構物件，再存取內層結構物件的成員，一層接著一層。

範例程式 **CH08_03.cpp** ▶ 以下程式範例將以省略內層結構的名稱定義，而直接使用 **grade** 結構來定義巢狀結構，並示範其中巢狀結構的成員的宣告與存取練習。重點是巢狀結構存取與一般結構一樣，多一層結構就要多一個小數點。

```
01   #include <iostream>
02
03   using namespace std;
04
05   int main()
06   {
07       struct grade
08       {
09           struct
10           {
11               const char *name;
12               int height;
13               int weight;
14           } std[3];// 省略了內層結構的名稱定義，而直接使用 grade 結構來定義
15           const char *teacher;
16       }g1={"John",174,65,"Justin",168,56,"Bush",177,80,"Mary"};
17       // 設定結構變數 g1 的初始值
18
19       int i;
20
21       cout<<" 老師 :"<<g1.teacher<<endl;
22       cout<<"-------------------------------------------------"<<endl;
23       cout<<" 學生姓名，身高，體重如下 :"<<endl;
24
25       for (i=0;i<3;i++)
26           cout<<g1.std[i].name<<" "<<g1.std[i].height<<" "<<g1.std[i].
               weight<<endl;
27       // 巢狀結構存取與一般結構一樣，多一層結構就要多一個小數點 .
28
29       return 0;
30   }
```

```
老師:Mary
-----------------------------------
學生姓名,身高,體重如下:
John 174 65
Justin 168 56
Bush 177 80

-----------------------------------
Process exited after 0.08108 seconds with return value 0
請按任意鍵繼續 . . .
```

程式解說

◆ 第 7 〜 17 行:省略了內層結構的名稱定義,而直接使用 grade 結構來定義。

◆ 第 16 行:宣告並設定結構變數 g1 的初始值。

◆ 第 26 〜 27 行:巢狀結構存取與一般結構一樣,多一層結構就要多一個小數點。

8-2 列舉型態（enum）

列舉（enum）是一種很特別的常數定義方式,它是將一組常數集合成的列舉成員,並給予各常數值不同的命名,使用列舉型態的宣告,可以利用有意義的名稱指定的方式,來取代從外觀較不易判讀意義的整數常數,使用列舉型態的好處是讓程式碼更具可讀性,方便程式設計師撰寫程式碼,使得程式碼的閱讀更加地容易。

8-2-1 列舉型態宣告

列舉型態的定義及宣告方式其實和結構有些類以，列舉型態的宣告是以 enum 為其關鍵字，在 enum 後面接續列舉型態名稱，宣告語法如下：

```
enum 列舉型態名稱
{
    列舉成員1,
    列舉成員2,
    ......
}
enum 列舉型態名稱  列舉變數1,列舉變數2…;  // 宣告變數
```

例如以下宣告：

```
enum fruit
{
    apple,
    banana,
    watermelon,
    grape
}; // 定義列舉型態 fruit
enum fruit fru1,fru2; // 宣告列舉型態 fruit 的變數
```

在宣告列舉型態時，如果沒有指定列舉成員的常數值，則 C 系統會自動將第一個列舉成員指定為 0，而後面的列舉成員的常數值則依續遞增。列舉成員的值可不一定要從 0 開始，如果要設定列舉成員的初始值，則可於宣告同時直接指定其值。對於沒有指定初始值的列舉成員（tea），則系統會以最後一次指定常數值的列舉成員為基準，依序遞增並指定。如下所示：

```
enum Drink
{
    coffee=20, // 值為 20
    milk=10,   // 值為 10
    tea,       // 值為 11
    water      // 值為 12
};
```

以下宣告表示定義 Drink 列舉型態的變數 my_drink 與 his_drink：

```
enum Drink
{
    coffee=10,  // 值為 10
    milk,       // 值為 11
    tea,        // 值為 12
    water       // 值為 13
    }my_drink;
enum Drink his_drink;
```

範例程式 **CH08_04.cpp** ▶ 以下程式範例將宣告與定義 **Drink** 列舉型態，並定義
變數 **c_drink** 及顯示變數 **c_drink** 值，請仔細觀察列舉成員常數值間的變化。

```
01  #include <iostream>
02
03  using namespace std;
04
05  int main()
06  {
07      enum Drink
08      {
09          coffee=25,
10          milk=20,
11          tea=15,
12          water
13      }; // 宣告與定義 Drink 列舉型態
14      enum Drink c_drink; // 定義 Drink 列舉型態變數 corp_drink
15
16      c_drink=coffee;      // 指定變數 c_drink 值為 coffee
17      cout<<" 列舉型態的 coffee 值 ="<<c_drink<<endl ;
18
19      c_drink=milk;        // 指定變數 c_drink 值為 milk
20      cout<<" 列舉型態的 milk 值 ="<<c_drink<<endl;
21
22      c_drink=water;       // 指定變數 c_drink 值為 water
23      cout<<" 列舉型態的 water 值 ="<<c_drink<<endl;
24
25
26      return 0;
27  }
```

執行結果

```
列舉型態的 coffee 值=25
列舉型態的 milk 值=20
列舉型態的 water 值=16

------------------------------------
Process exited after 0.09571 seconds with return value 0
請按任意鍵繼續 . . . ■
```

程式解說

- ◆ 第 7 ～ 13 行：宣告與定義 Drink 列舉型態。
- ◆ 第 14 行：定義 Drink 列舉型態變數 c_drink。
- ◆ 第 16 行：指定變數 c_drink 值為 coffee。
- ◆ 第 19 行：指定變數 c_drink 值為 milk。
- ◆ 第 21 行：指定變數 c_drink 值為 water。

8-3 聯合型態（union）

聯合型態（union）與結構型態（struct），無論是在定義方法或成員存取上都十分相像，但結構型態指令所定義的每個成員擁有各自記憶體空間，不過聯合卻是共用記憶體空間。如下圖所示：

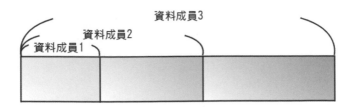

聯合的成員在記憶體中的位置

8-3-1 聯合型態的宣告

聯合型態變數內的各個成員以同一記憶體區塊儲存資料，並以佔最大長度記憶體的成員為聯合的空間大小。聯合型態的兩種宣告方式如下：

```
union 聯合型態名稱
{
    資料型態 1 資料成員 1;
    資料型態 2 資料成員 2;
    資料型態 3 資料成員 3;
        ......
} 聯合變數;

union 聯合型態名稱 聯合變數;
```

以下是聯合型態的宣告範例：

```
union student
{
    char name[10];/* 佔 10bytes 空間 */
    int score;/* 佔 4bytes 空間 */
};
```

例如定義以下的聯合型態 Data，則 u1 聯合物件的長度會以字元陣列 name 為主，也就是 20 個位元組：

```
union Data
{
    int a;
    int b;
    char name[20];
} u1;
```

定義完新的聯合型態及宣告聯合變數後，就可以開始使用所定義的資料成員項目。只要在聯合變數後加上成員運算子 "." 與資料成員名稱，就可以直接存取該筆資料：

```
聯合物件 . 資料成員;
```

範例程式 **CH08_05.cpp** ▶ 以下程式範例將例用聯合成員共享記憶體空間的特性
來製作簡單的加解密程式。也就是簡單的將每個位元組的數值加上一個整數來加
密，若要解密，則將每個數值減去一個整數即可。

```cpp
01  #include <iostream>
02
03  using namespace std;
04  int encode(int);     // 加密函數
05  int decode(int);     // 解密函數
06  int main()
07  {
08      int pwd; cout<<" 請輸入密碼：";
09      cin>>pwd; pwd = encode(pwd);
10      cout<<" 加密後："<<pwd<<endl;
11      pwd = decode(pwd);
12      cout<<" 解密後："<<pwd<<endl;
13
14      return 0;
15  }// 引　數：未加密的密碼
16   // 傳回值：加密後的密碼
17
18  int encode(int pwd)
19  {
20      int i;  union{
21          int num;
22          char c[sizeof(int)];
23      } u1;
24      u1.num = pwd;
25      for(i = 0; i< sizeof(int); i++)
26          u1.c[i] += 32;
27
28      return u1.num;
29  }
30
31  int decode(int pwd)
32  {
33      int i;
34      union{
35          int num;
36          char c[sizeof(int)];
37      } u1;
38      u1.num = pwd;
39      for(i = 0; i< sizeof(int); i++)
40          u1.c[i] -= 32;
```

```
41
42      return u1.num;
43  }
```

執行結果

```
請輸入密碼：1234
加密後：538977522
解密後：1234

------------------------------------
Process exited after 15.22 seconds with return value 0
請按任意鍵繼續 . . .
```

程式解說

◆ 第 4 ～ 5 行：加解密函數的宣告。

◆ 第 20 ～ 23 行：union 聯合空間的宣告。

◆ 第 18 ～ 29 行：加密函數，引數為未加密的密碼，傳回值為加密後的密碼。

◆ 第 31 ～ 43 行：解密函數，引數為加密後的密碼，傳回值為未加密的密碼。

8-4　型態定義功能（typedef）

所謂型態定義功能（typedef），可以用來定義自己喜好的資料型態名稱，可以將原有的資料型態來以另外一個名稱重新定義，目的也是讓程式可讀性更高。宣告語法如下：

```
typedef 原資料型態 新定義型態識別字
```

例如：

```
typedef int integer;
integer age=120;
type char* string;
string s1=" 生日快樂 "
```

此外，還要說明一種有趣的情況，其實上例只是簡單重新定義某一種資料型態（例如 int），各位其實也可以利用 typedef 指定，也可以達到所要的效果。例如程式設計師可以利用 typedef 指令將 int 重新定義為 Integer：

```
typedef int integer;
integer age=20;
```

經過以上宣告，這時 int 及 integer 都宣告為整數型態。如果重新定義結構型態，程式碼宣告就不必每次加上 struct 保留字了，例如：

```
typedef struct house
{
    int roomNumber;
    char houseName[10];
} house_Info;

house_Info   myhouse;
```

範例程式 **CH08_06.cpp** ▶ 以下程式範例是說明型態定義指令（**typedef**）重新定義 **int** 型態、字元陣列與 **hotel** 結構，當重新定義結構後，就不必加上 **struct** 保留字了。

```
01  #include <iostream>
02
03  using namespace std;
04
05  typedef int INTEGER; //INTEGER 被定義成 int 型態
06  typedef char STRING[20];//STRING 被定義成長度為 20 的字元陣列
07
08  typedef struct hotel
```

```
09  {
10      INTEGER roomNumber;
11      STRING hotelName;
12  } hotel_Info; // 以 typedef 指令將 hotel 結構, 重新定義成 hotel_Info
13
14  int main()
15  {
16      hotel_Info myhotel; // 重新定義結構,不必加上 struct 保留字
17      cout<<" 旅館名稱 :";
18      cin>>myhotel.hotelName;
19      cout<<" 房間數目 :";
20      cin>>myhotel.roomNumber;
21      cout<<"-----------------------------------"<<endl;
22      cout<<" 旅館名稱 :"<<myhotel.hotelName<<endl;
23      cout<<" 房間數目 :"<<myhotel.roomNumber<<endl;
24
25
26      return 0;
27  }
```

執行結果

```
旅館名稱:美心飯店
房間數目:10
-----------------------------------
旅館名稱:美心飯店
房間數目:10

-----------------------------------
Process exited after 17.05 seconds with return value 0
請按任意鍵繼續 . . . ■
```

程式解說

◆ 第 5 行：INTEGER 被定義成 int 型態。

◆ 第 6 行：STRING 被定義成長度為 20 的字元陣列。

◆ 第 8 ～ 12 行：以 typedef 指令將 hotel 結構，重新定義成 hotel_Info 型態。

◆ 第 16 行：重新定義結構，不必加上 struct 保留字。

★ 課 後 評 量

1. 請問下面的程式碼片段，在哪一行會發生編譯上的錯誤？

```
01  struct flower
02  {
03      // 花的名稱
04      char *name;
05  };
06  struct flower fruit_flower[5];
07  fruit_flower.name[0]= " lotus";
```

2. 以下的宣告有何錯誤？

```
struct member
{
    char name[80];
    struct member no;
}
```

3. 以下程式碼片段將建立具有五個元素的 student 結構陣列，陣列中每個元
    素都各自擁有字串 name 與整數 score 成員：

```
struct student
{
    char name[10];
    int score;
};
struct student class1[5];
```

請問此結構陣列共佔有多少位元組？

4. 請說出以下程式碼的錯誤之處。

```
01   typedef struct house
02   {
03       int roomNumber;
04       char houseName[10];
05   } house_Info;
06
07   struct house_Info   myhouse;
```

5. 請問以下變數 example 佔了多少位元組？

```
enum Drink
{
    coffee=25,
    milk=20,
    tea=15,
    water
};
enum Drink example;
```

6. 請列舉型態指令（enum）的意義與功用。

7. 一個初學結構的學生試圖由使用者輸入來設定結構成員的值，但是程式執行時發生錯誤，請問哪邊出了問題？

```
01   #include <iostream>
02   using namespace std;
03   int main(void)
04   {
05   struct
06       {
07           int a;
08           int b;
09       }word;
10       cout<<" 輸入兩整數：";
11       cin>>&word.a>>&word.b;
12       cout<<word.a<<word.b;
13       return 0;
14   }
```

解析前置處理指令與巨集

　　「前置處理指令」則是 C++ 程式在開始進行編譯前，會先進行一道前置處理動作，將程式中這些以 # 符號開頭的指令作特別的處理。基本上，以 # 為開頭的前置處理指令並不專屬於 C++ 語法的一部份，也就是不會被翻譯成機器語言，但仍為編譯程式所能接受，因為是在程式編譯之前執行，所以稱為前置處理指令。

　　至於巨集（macro）指令，又稱為「替代指令」，是由一些以 # 為開頭的「前置處理指令」所組成。主要功能是以簡單的名稱取代某些特定常數、字串或函數，能夠快速完成程式需求的自訂指令。簡單來說，善用巨集可以節省不少程式開發與執行時間。

9-1　前置處理指令

　　在 C++ 編譯程式的過程中，編譯器會先執行前置處理作業，把 C++ 原始檔案中的前置處理指令，適當置換成純粹 C++ 指令的新檔案，然後編譯器再用此新檔案產生目的檔（.obj），完成編譯的作業。本節中將為您介紹 C++ 的「前置處理器」及如何利用這些「前置處理器」來建立巨集。

9-1-1　#include 指令

　　#include 指令可以將指定的檔案含括進來，成為目前程式碼的一部份。第一章中有約略提過，#include 語法有兩種指定方式，兩者之間的差異在於前置處理器的搜尋路徑不同，分述如下：

#include < 檔案名稱 >

在 #include 之後使用角括號 <>，當編譯時，編譯器將至預設的系統目錄中尋找指定的檔案，例如以 Dev C++ 來說是預設在 Dev-Cpp 安裝目錄內的 include 目錄裡。

#include " 檔案名稱 "

使用雙引號 "" 來指定檔案，則前置處理器會先尋找目前程式檔案的工作目錄中是否有指定的檔案。假如找不到，再到系統目錄（include 目錄）中尋找。

在許多中大型程式的開發中，對於經常用到的常數定義或函數宣告，可以將其寫成一個獨立檔案。當程式須要使用這些定義與宣告時，則只要在程式碼中使用 #include 指令包來即可。如此將可以避免在不同程式檔中，重複撰寫相同的程式碼。

範例程式 CH09_01.cpp ▶ 以下程式範例就是將程式區分為函數部分與主程式部分，並分別存在兩個檔案 CH09_01 與 CH09_01_1 檔，再利用 #include 指令引入檔案，完成統計學函數 C(n,k) 的運算值。

```
01   #include<iostream>
02   #include"CH09_01_1.cpp"
03   // 只宣告函數的原型
04   using namespace std;
05
06   double factorial(int );// 函數原型宣告
07   double Cnk(int ,int);   // 函數原型宣告
08   // 主程式部分
09   int main()
10   {
11       int n,k;
12       cout<<" 計算 C(n,k)=n!/(k!(n-k)!)"<<endl;
13       cout<<"-----------------------------------"<<endl;
14       cout<<" 請輸入 n=";
15       cin>>n;
16       cout<<" 請輸入 k=";
```

```
17      cin>>k;
18      cout<<n<<"!"<<"/("<<k<<"!("<<n<<"-"<<k<<")!)="<<Cnk(n,k)<<endl;
        //印出結果
19
20      return 0;
21  }
```

範例程式 CH09_01_1.cpp ▶

```
01  // 階乘函數
02  double factorial(int n)
03  {
04      if(n==1)
05          return 1;
06      else
07          return n*factorial(n-1);
08  }
09  //Cnk 函數
10  double Cnk(int n,int k)
11  {
12      return factorial(n)/(factorial(k)*factorial(n-k));
13  }
```

執行結果

```
計算C(n,k)=n!/(k!(n-k)!)
----------------------------------------
請輸入n=6
請輸入k=3
6!/(3!(6-3)!)=20

----------------------------------------
Process exited after 15.82 seconds with return value 0
請按任意鍵繼續 . . . ■
```

程式解說

CH09_01：

◆ 第 2 行：引入外部檔案 CH09_1_1。

◆ 第 6 ～ 7 行：函數原型宣告。

◆ 第 18 行：輸出計算後的結果。

CH09_01_1：

◆ 第 2 ～ 8 行：階乘函數的定義。

◆ 第 10 ～ 13 行：Cnk 函數。

9-2 #define 指令

#define 是一種取代指令，可以用來定義巨集名稱，並且取代程式中的數值、字串、程式敘述或是函數。一旦完成巨集的定義後，只要遇到程式中的巨集名稱，前置處理器都會將其展開成所定義的字串、數值、程式敘述或函數等。以下將根據巨集名稱的定義種類，分別說明如下。

9-2-1 定義基本指令

當各位利用 #define 指令定義巨集來取代數值、字串或程式敘述時，其巨集名稱通常是利用用大寫英文字母來表示，以與一般的變數名稱區別，不過請注意！命名規則仍然必須符合變數命名方式。宣告語法如下：

```
#define 巨集名稱 常數值
#define 巨集名稱 "字串"
#define 巨集名稱 程式敘述
```

因為 #define 指令是屬於前置處理器指令的一種，所以並不需要以「；」結束。定義巨集最大的好處是當所設定的數值、字串或程式敘述需要變動時，不必一一尋找程式中的所在位置，只需在定義 #define 的部分加以修改即可。

　　如果想要取消 #define 所宣告巨集時，只要使用下方語法宣告即可取消。
不過取消後的巨集名稱就不可以再使用了：

```
#undef 巨集名稱
```

範例程式 **CH09_02.cpp** ▶ 以下程式範例讓各位實際來定義各種巨集名稱，親身
體會巨集的實作經驗，最後利用 **#undef** 指令來練習取消 **#define** 所宣告的巨集。

```
01   #include<iostream>
02
03   using namespace std;
04   // 定義各種巨集名稱
05   #define PI 3.14159
06   #define SHOW " 圓面積 ="
07   #define  RESULT r*r*PI
08
09   int main()
10   {
11       int r;
12
13       cout<<" 請輸入圓半徑 :";
14       cin>>r;
15       cout<<SHOW<<RESULT<<endl;
16       #undef PI // 解除巨集定義
17
18       return 0;
19   }
```

執行結果

```
請輸入圓半徑:10
圓面積=314.159

_____
Process exited after 11.81 seconds with return value 0
請按任意鍵繼續 . . . ▪
```

程式解說

◆ 第 5 行：前置處理器會將程式中所有 PI 取代為 3.14159。

◆ 第 6 行：利用 #define 指令以 SHOW 取代字串 " 圓面積 ="。

◆ 第 7 行：以 RESULT 取代 r*r*PI 程式敘述，當程式中遇到 RESULT 時編譯器會直接以 r*r*PI 來計算。

◆ 第 16 行：解除 PI 所定義的數值，不過取消後的巨集名稱就不可以再使用了。

9-2-2 定義函數

除了數值、字串、程式敘述外，#define 指令也可以定義來取代現有的函數喔！宣告語法如下：

```
#define 巨集名稱 函數名稱
```

範例程式 CH09_03.cpp ▶ 以下這個程式範例仍然是利用巨集來做簡單的取代動作，前置處理指令會將所有的 **NEWLINE** 展開為 **cout<<endl;**，而 **COPYRIGHT** 則展開為 **owner** 這個名稱的函數內容。

```
01   #include <iostream>
02
03   using namespace std;
04
05   #define NEWLINE cout<<endl;
06   #define COPYRIGHT owner()
07
08   void owner();      // 輸出擁有者訊息的函式
09
10   int main()
11   {
12       COPYRIGHT;// 呼叫巨集
13       NEWLINE;// 呼叫巨集
14       COPYRIGHT;// 呼叫巨集
15
```

```
16
17      return 0;
18  }
19
20  void owner()
21  {
22      cout<<" 函數名稱也可以巨集定義 "<<endl;
23      cout<<" 版權所有人：Michael"<<endl;
24      cout<<" 日期：2018/7/05"<<endl;
25  }
```

執行結果

```
函數名稱也可以巨集定義
版權所有人：Michael
日期：2018/7/05

函數名稱也可以巨集定義
版權所有人：Michael
日期：2018/7/05

--------------------------------
Process exited after 0.1162 seconds with return value 0
請按任意鍵繼續 . . .
```

程式解說

- 第 5 行：前置處理器會將程式中所有 NEWLINE 取代為 cout<<endl;。
- 第 6 行：前置處理器會將程式中所有 COPYRIGHT 取代為 owner()。
- 第 12 ～ 14 行：呼叫巨集。
- 第 20 ～ 25 行：owner() 函數的定義內容。

9-2-3 巨集函數簡介

巨集函數是一種可以傳遞引數來取代簡單函數功能的巨集。對於那些簡單又經常呼叫的函數，以巨集函數來取代一般函數定義，可以減少呼叫和等待函數傳回的時間，增加程式執行效率。不過由於巨集函數被展開為程式碼的一部份，編譯完成的程式檔案容量會較原來的函數檔案容量大。巨集函數的宣告方式如下：

```
#define 巨集函數名稱（參數列）（函數運算式）
```

其中巨集函數的參數列並不需要設定資料型態，因為 #define 指令是直接取代功能，所以會依據輸入參數的資料型態來決定。而巨集函數的函數運算式如果太長，需要分行來表示，必須在行尾加上「\」符號，告知前置處理器下一行還有未完的敘述，而其中的空格也不會被忽略，會被編譯器視為輸入的一部份。

範例程式 **CH09_04.cpp** ▶ 以下程式範例是定義一個用來計算梯形面積的巨集函數，並且可傳遞上底、下底與高三個引數，請各位特別注意巨集函數的參數列並不需要設定資料型態。

```cpp
01   #include<iostream>
02
03   using namespace std;
04
05   #define RESULT(r1,r2,h) (r1+r2)*h/2.0 // 定義巨集函數
06   int main()
07   {
08       int r1,r2,h;
09       cout<<"------------------------------------"<<endl;
10       // 輸入梯形的各數值
11       cout<<" 上底 =";
12       cin>>r1;
13       cout<<" 下底 =";
14       cin>>r2;
15       cout<<" 高 =";
16       cin>>h;
17       // 利用巨集函數
18       cout<<" 梯形面積 ="<<RESULT(r1,r2,h)<<endl;
19       cout<<" 每個參數 +2 後的 ";
20       cout<<" 梯形面積 ="<<RESULT(r1+2,r2+2,h+2)<<endl;
21
22
23       return 0;
24   }
```

[執行結果]

```
-------------------------------------------
上底=10
下底=6
高=8
梯形面積=64
每個參數+2後的梯形面積=161


-------------------------------------------
Process exited after 13.21 seconds with return value 0
請按任意鍵繼續 . . . ■
```

[程式解說]

◆ 第 5 行：定義巨集函數。

◆ 第 18、20 行：利用巨集函數呼叫。

這個執行結果，不知道各位是否留意，在第 18 行 RESULT(r1,r2,h)，其中 r1=10、r2=6、h=8，所求得的面積為 64 是正確。但是當第 20 行傳遞 r1、r2 和 h 變數都加上 2 時，那麼巨集函數是以下列的狀態展開函數運算式：

```
(r1+2+r2+2)*h2+2/2.0
```

由於運算子的優先順序問題（乘法高於加法），代入數值後，會造成與數學梯形面積計算的結果不符合，如下所示：

```
(10+2+6+2)*8+2/2.0=161
```

那該怎麼辦呢？解決之道就是在巨集函數定義時，將函數運算式的變數都加上括號即可，如下所示：

```
#define RESULT(r1,r2,h) ((((r1)+(r2))*(h))/2.0)
```

9-2-4 標準前置處理巨集

通常 C++ 編譯器都有自己內建的巨集，用來協助程式編寫上的方便性。下表中所列都是標準的前置處理巨集，可以運用在各類的編譯器上。

巨集名稱	說明	輸出型態
__LINE__	定義一個整數，儲存程式檔案正在被編輯的行數。	整數
__FILE__	定義一個字串，儲存正在被編譯的檔案路徑與名稱。	字串
__DATE__	定義一個字串，儲存檔案被編譯的系統日期。	字串
__TIME__	定義一個字串，儲存檔案被編譯的系統時間。	字串
__STDC__	如果此數值為 1，代表編譯器符合 ANSI 標準。	整數

每個巨集名稱都以兩個底線字元開頭，再以兩個底線字元結束。這些標準巨集會在編譯程式的前置處理階段，替換成各自所代表的整數或字串。藉由這些巨集，可以反應出程式編譯時的資訊。

範例程式 **CH09_05.cpp** ▶ 以下程式範例是 C++ 中標準前置處理巨集指令介紹與實作。

```
01   #include <iostream>
02
03   using namespace std;
04   int main()
05   {
06       cout << " 在原始程式的第 " << __LINE__ << " 行開始使用前置處理巨集 ";
07       //__LINE__ 巨集可印出此巨集所出現的行號
08       cout << endl;
09       cout << " 編譯的程式名稱:" << __FILE__;       //__FILE__ 巨集
10       cout << endl;
11       cout << " 程式編譯日期在 " << __DATE__ << " 的 " << __TIME__;
         // 巨集記錄編譯的日期時間。
12       cout << endl;
13
14
15       return 0;
16   }
```

執行結果

```
在原始程式的第 6 行開始使用前置處理巨集
編譯的程式名稱：D:\進行中書籍\博碩_C++_2018改版\範例檔\ch09\CH09_05.cpp
程式編譯日期在 Jun 11 2018 的 09:39:33

--------------------------------
Process exited after 0.09535 seconds with return value 0
請按任意鍵繼續 . . .
```

程式解說

- ◆ 第 6 行：__LINE__ 巨集可印出此巨集所出現的行號
- ◆ 第 9 行：__FILE__ 巨集可印出正在被編譯的檔案路徑與名稱。
- ◆ 第 11 行：巨集記錄編譯的日期時間。

9-3 條件編譯指令

　　巨集定義也可以設定某些條件，以符合實際的程式需求，稱為「條件編譯」（Conditional Compilation）指令，共有六種：#if、#else、#elif、#endif、#ifdef 和 #ifndef。它們的功能類似流程控制的語法，只是條件編譯指令不需加大括號「{}」和結束符號「；」。請看以下的說明：

9-3-1 #if 、#endif、#else、#elif 指令

　　#if 條件編譯指令類似 if 條件敘述，當此條件成立時，會執行此程式敘述區塊的程式碼，如果不成立，則略過不執行。而 #endif 指令是搭配 #if 等條件編譯指令使用，作用類似於 } 大括號，有結束的功能。宣告語法如下：

```
#if 條件運算式
     程式敘述區塊
#endif
```

另外還有 #else 條件編譯指令，也必須搭配 #if 指令，形成和 if else 條件敘述類似的功能，當 #if 指令不成立時，會跳過程式敘述區塊一，執行 #else 下方的程式敘述區塊二，宣告語法如下：

```
if  條件運算式
     程式敘述區塊一
#else  條件運算式
     程式敘述區塊二
#endif
```

#if 指令也可與 #elif 條件編譯指令組合，#elif 指令在 C++ 中是類似 if else if 的條件敘述中的 else if 語法。可以針對多種編譯條件來進行驗證，當其中之一的條件成立，就執行該條件的程式區塊。#elif 指令並沒有個數上限制，可以依照程式需求，加入多個 #elif 指令來選擇要編譯的程式碼。宣告語法如下：

```
#if  條件運算式一
     程式敘述區塊一
#elif  條件運算式二
     程式敘述區塊二
#elif  條件運算式三
     程式敘述區塊三
...
#endif
```

★
╔═══════════╗
   課 後 評 量
╚═══════════╝

1. 何謂「條件編譯」(Conditional Compilation) 指令?試詳述之。

2. 以下程式碼哪裏出錯了?

```
01  #include <iostream>
02  #include <cstdlib>
03  #define TRUE 1;
04  int main()
05  {
06      #ifdef TRUE
07          cout<<"TRUE 已定義了,常數值為 1"<<endl;
08      #endif
09
10      system("pause");
11      return 0;
12  }
```

3. 何謂巨集函數?

4. 為什麼在巨集函數中所定義的函數運算的式子中的所有變數,都必須分別
   加上括號?

5. 下面這個程式碼片段在編譯時會發生錯誤,請問哪邊有問題?

```
01  #include <iostream>
02  using namespace std;
03  #define NULL 0
04  int main(void)
05  {
06      ......
07      return 0;
08  }
```

6. 下面程式碼片段在定義巨集名稱時出了什麼錯誤？

```
01  #include <iostream>
02  using namespace std;
03  #define PI = 3.14159
04  int main(void)
05  {
06      cout<<"PI = "<< PI<<endl;
07      return 0;
08  }
```

7. 下面這個程式碼哪邊出了問題，導致程式輸出不正確？

```
01  #include <iostream>
02  using namespace std;
03  #define ADD(X,Y)  X+Y
04  int main(void)
05  {
06      cout<<" 平均 = "<< ADD(10, 20)/2<<endl;
07      return 0;
08  }
```

8. 請說明前置處理器（preprocessor）與編譯器（compiler）之間的關係，以及 C++ 前置處理器指令的用途，並列舉 3 個前置處理器指令。

9. 試述下列二種將檔案引入的方式有何不同：

```
#include <aa.h>
#include "aa.h"
```

10. 試述 #if…#else…#endif 的用法。

11. 在程式中，通常我們會使用哪兩個「巨集指令」來判斷程式碼中的巨集指令是否被定義過了？並分別說明其差異處。

12. 若要將程式碼中的巨集取消掉，需要利用到哪一個「巨集指令」來取消某一巨集的使用。請以程式碼示範。

13. 定義一個 tempx 巨集，而此巨集可傳入一個參數，並對此參數做累減的動作。

14. 請簡述「除錯巨集」指令的主要功能。

15. 請說明下列巨集名稱所代表的意義。

```
__FILE__
__DATE__
```

16. 試簡述 #define 指令的功用。

17. 在 C++ 中已提供 const 用來定義常數，為何還要使用 #define 指令來定義呢？

18. 為什麼在巨集函數中所定義的函數運算的式子中的所有變數，都必須分別加上括號？

物件導向
程式設計入門

物件導向程式設計（Object-Oriented Programming, OOP）的主要精神就是將存在於日常生活中舉目所見的物件（object）概念，應用在軟體設計的發展模式（software development model）。也就是說，OOP 讓各位從事程式設計時，能以一種更生活化、可讀性更高的設計觀念來進行，並且所開發出來的程式也較容易擴充、修改及維護。

物件是 OOP 的最基本元素，而每一個物件在程式語言中的實作都必須透過類別（class）的宣告。C++ 與 C 的最大差異在於 C++ 加入了類別語法，也因此讓 C++ 成為具有物件導向程式設計的功能。前面章節我們所介紹的都是 C++ 的基本功能，直到本章開始才正式進入了 C++ 物件導向設計的大門。

10-1 類別的基本觀念

類別在 C++ 的 OOP 中是一種相當重要的基本觀念，是屬於使用者定義的抽象資料型態（Abstract Data Type, ADT），類別的觀念其實是由 C 的結構型態衍生而來，二者的差別在於結構型態只能包含資料變數，而類別型態則可擴充到包含處理資料的函數。以下就是結構與類別簡單的宣告範例，請各位細心比較：

結構宣告：

```
struct   Student        // 結構名稱
{
    char name[20];      // 資料變數
    int  height;
    int  weight;        // 不可在類別內定義成員 / 函數；
}
```

類別宣告：

```
class Student          // 類別名稱
{
    char name[20];     // 資料成員 ( 屬性 )
    int height;
    int weight;

    void show_data()   // 可以在類別內定義成員 / 函數 ;
    {
        cout<<height;  // 顯示類別內的資料成員
        cout<<weight;
    }
}
```

10-1-1 宣告類別物件

　　C++ 中用來宣告類別型態的關鍵字是「class」，至於「類別名稱」則可由使用者自行設定，但也必須符合 C++ 的識別字命名規則。程式設計師可以在類別中定義多種資料型態，這些資料稱為類別的「資料成員」（Data Member），而類別中存取資料的函數，稱為「成員函數」（Member Function）。

　　在 C++ 中，一個類別的原型宣告語法如下：

```
class 類別名稱       // 宣告類別
{
    private :
        私有成員     // 宣告私有資料成員
    public :
        公用成員     // 宣告公用成員函數
};
```

以下我們就示範定義了一個 Student 類別，並且在類別中加入了一個私有「資料成員」與兩個公用「成員函數」：

```
class Student                    // 宣告類別
{
    private:
        int StuID;               // 宣告私有資料成員
    public:
        void input_data()        // 宣告公用成員函數
        {
            cout << " 請輸入學號：" << endl;
            cin >> StuID;
        }
        void show_data()         // 宣告公用成員函數
        {
            cout << " 您的學號：" << StuID << endl;
        }
};
```

上例是一個非常典型簡單的類別宣告模式，至於用法與宣告方式，說明如下：

■資料成員（Data Member）

資料成員主要作為類別描述狀態之用，各位可以使用任何資料型態將其定義於 class 內。簡單來說，資料成員就是資料變數的部分，當定義資料成員時，不可以指定初值。

類別資料成員的宣告和一般的變數宣告相似，唯一不同之處是類別的資料成員可以設定存取權限。通常資料成員的存取層級皆設為 private，若要存取資料成員，則要透過所謂的成員函數。宣告語法如下：

```
資料型態 變數名稱；
```

■成員函數（Member Function）

成員函數是指作用於資料成員的相關函數，是作為類別所描述物件的行為。通常運用於內部狀態改變的操作，或是與其它物件溝通的橋樑。與一般的函數的定義類似，只不過是封裝在類別中，函數的個數並無限制。宣告的語法如下：

```
傳回型態  函數名稱（參數列）
{
    程式敘述
}
```

10-1-2 存取層級關鍵字

在類別宣告的兩個大括號 '{}' 中可利用存取層級關鍵字來定義類別所屬成員，存取層級關鍵字可區分為以下三種：

```
class  類別名稱
{
    private:           // 不被外界所存取，皆未定義預設值
        私有成員

    protected:         // 只被繼承的類別所引用
        保護成員

    public:            // 無存取現制，可任意存取
        公用成員
    .........
};
```

其中三種關鍵字的功用與意義分別說明如下：

■ **private**：代表此區塊是屬於私有成員，具有最高的保護層級。也就是此區塊內的成員只可被此物件的成員函數所存取，在類別中的預設存取型態為私有成員，即使不加上關鍵字 private 也無妨。

- **protected**：代表此區塊是屬於保護成員，具有第二高的保護層級。外界無法存取宣告在其後的成員，此層級主要讓繼承此類別的新類別能定義該成員的存取層級，也就是是專為繼承關係量身訂作的一種存取模式。

- **public**：是代表此區塊是屬於公用成員，完全不受限外界對宣告在其後的成員，此存取層級具有最低的保護層級。此區塊內的成員是類別提供給使用者的介面，可以被其它物件或外部程式呼叫與存取。通常為了實現資料隱藏的目的，只會將成員函數宣告為 public 存取型態。

10-1-3 建立類別物件

當類別宣告與定義後，等於是建立了一個新的資料型態，然後就可以利用這個型態來宣告和建立一般物件。建立類別中物件的宣告格式如下：

```
類別名稱  物件名稱；
```

類別名稱是指 class 定義的名稱，物件名稱則是用來存放這一個類別型態的變數名稱。對於每一個宣告類別型態的物件，都可以存取或呼叫自己的成員資料或成員函數，以下是存取一般物件中資料成員與成員函數的方式：

```
物件名稱 . 類別成員；          // 存取資料成員
物件名稱 . 成員函數（引數列） // 存取成員函數
```

範例程式 **CH10_01.cpp** ▶ 以下程式範例將利用類別型態所宣告的一般物件來讓使用者輸入學號、數學成績以及英文成績之後，將總分及平均顯示出來。

```
01   #include <iostream>
02
03   using namespace std;
04
05   class Student                    // 宣告 Student 類別
06   {
07   private:                         // 宣告私用資料成員
08       char StuID[8];
```

```
09      float Score_E,Score_M,Score_T,Score_A;
10  public:                        // 公用資料成員
11      void input_data()              // 宣告成員函數
12      {
13          cout << "** 請輸入學號及各科成績 **" << endl;
14          cout << "學號：";
15          cin >> StuID;
16      }
17      void show_data()               // 宣告成員函數
18      {
19          cout << " 輸入英文成績："; // 實作 input_data 函數
20          cin >> Score_E;
21          cout << " 輸入數學成績：";
22          cin >> Score_M;
23          Score_T = Score_E + Score_M;
24          Score_A = (Score_E + Score_M)/2;
25          cout << "================================" << endl;
            // 實作 show_data 函數
26          cout << " 學生學號：" << StuID << "" << endl;
27          cout << "總分是 " << Score_T << "分，平均是 " << Score_A << "分" << endl;
28          cout << "================================" << endl;
29      }
30  };
31
32  int main()
33  {
34      Student stud1;          // 宣告 Student 類別的物件
35      stud1.input_data();    // 呼叫 input_data 成員函數
36      stud1.show_data();     // 呼叫 input_data 成員函數
37
38      return 0;
39  }
```

執行結果

```
**請輸入學號及各科成績**
學號：733254
輸入英文成績：98
輸入數學成績：100
================================
學生學號：733254
總分是198分，平均是99分
================================

--------------------------------
Process exited after 19.13 seconds with return value 0
請按任意鍵繼續 . . .
```

程式解說

- ◆ 第 5 ～ 30 行：宣告與定義 Student 類別。

- ◆ 第 8 ～ 9 行：宣告私用資料成員。

- ◆ 第 11 ～ 29 行：宣告與定義成員函數。

- ◆ 第 34 ～ 36 行：宣告一個 stud1 物件，並透過 stud1.input_data() 與 stud1. show_data() 成員函數來存取 Student 類別內的私有資料成員。

  事實上，各位也可利用指標型式來建立物件，語法如下：

```
類別名稱 * 物件指標名稱 = new 類別名稱 ;
```

對於宣告為類別型態的物件，都可以存取或呼叫自己的成員資料或成員函數，即使是指標型式也不例外。以下是存取指標物件中資料成員與成員函數的方式，這時必須使用「->」符號：

```
物件指標名稱 -> 資料成員  // 存取資料成員
物件指標明稱 -> 成員函數（引數列）
```

前面的類別宣告範例中，我們都把成員函數定義在類別內。事實上，類別中成員函數的程式碼不一定要寫在類別內，您也可以在類別內事先宣告成員函數的原型，然後在類別外面再來實作成員函數的程式碼內容。

如果是在類別外面實作成員函數時，只要在外部定義時，函數名稱前面加上類別名稱與範圍解析運算子（::）即可。範圍解析運算子的主要作用就是指出成員函數所屬的類別。

範例程式 **CH10_02.cpp** ▶ 以下程式範例中的類別中宣告了 **input_data** 成員函數與 **show_data** 成員函數原型，並在類別外實作成員函數的程式碼，主要只是讓各為位了解兩種程式碼定義方式的不同。

```cpp
01  #include <iostream>
02  #include <cstdlib>
03  using namespace std;
04
05  class Student               // 宣告類別
06  {
07      private:                // 私用資料成員
08          int StuID;
09      public:
10          void input_data();  // 宣告成員函數的原型
11          void show_data();
12  };
13  void Student::input_data()  // 實作 input_data 函數
14  {
15      cout << " 請輸入您的成績：" ;
16      cin >> StuID;
17  }
18  void Student::show_data()   // 實作 show_data 函數
19  {
20      cout << " 成績是：" << StuID << endl;
21  }
22  int main()
23  {
24      Student stu1;
25      stu1.input_data();
26      stu1.show_data();
27
28      return 0;
29  }
```

執行結果

```
請輸入您的成績：80
成績是：80

--------------------------------
Process exited after 26 seconds with return value 0
請按任意鍵繼續 . . . ■
```

程式解說

- ◆ 第 13 ～ 17 行：在類別外，利用範圍解析運算子來實作 input_data 函數。
- ◆ 第 18 ～ 21 行：在類別外，利用範圍解析運算子來實作 show_data 函數。

10-2 建構子與解構子

在 C++ 中，類別的建構子（Constructor）可以做為物件初始化的工作，也就是如果在宣告物件後，希望能指定物件中資料成員的初始值，可以使用建構子來宣告。而解構子（Destructor）可作為物件生命週期結束時，用來釋放物件所佔用之記憶體，以作為其它物件所用。

10-2-1 建構子

建構子（Constructor）是一種初始化類別物件的成員函數，可用於將物件內部的私有資料成員設定初始值。每個類別至少都有一個建構子，當宣告類別時，如果各位沒有定義建構子，則 C++ 會自動提供一個沒有任何程式 述及參數的預設建構子（Default Constructor）。

建構子具備以下四點特性，宣告方式則和成員函數類似，如下所示：

① 建構子的名稱必須與類別名稱相同，例如 class 名稱為 MyClass，則建構子為 MyClass()。
② 不需指定傳回型態，也就是沒有傳回值。
③ 當物件被建立時將自動產生預設建構子，預設建構子並不提供參數列傳入。
④ 建構子可以有多載功能，也就是一個類別內可以存在多個相同名稱，但參數列不同的建構子。

```
類別名稱（參數列）
{
    程式敘述
}
```

範例程式 **CH10_03.cpp** ▶ 以下程式範例是說明建構子的宣告與定義，除了可以省略的預設建構子外，又另行定義了有三個參數的建構子，再於建立類別物件時，給予物件不同的初值。

```cpp
01   #include <iostream>
02
03   using namespace std;
04
05   class Student          // 宣告類別
06   {
07       private:           // 私用資料成員
08           int StuID;
09           float English,Math,Total,Average;
10       public:            // 公用函數成員
11
12       Student();         // 預設建構子，也可以省略
13       Student(int id, float E, float M)  // 宣告建構子
14       {
15           StuID=id;      // 指定 StuID= 參數 id
16           English=E;     // 指定 English= 參數 E
17           Math=M;        // 指定 Math= 參數 M
18           Total = E + M;
19           Average = (E + M)/2;
20
21           cout << "------------------------------------" << endl;
22           cout << "學生學號：" << StuID << "" << endl;
23           cout<<" 英文成績："<<E<<endl;
24           cout<<" 數學成績："<<M<<endl;
25           cout << "總分是 " << Total << "分，平均是 " << Average << "分" << endl;
26       }
27   };
28
29   int main()
30   {
31       Student stud1(920101,80,90);        // 給予 stud1 物件初值
32       Student stud2(920102,60,70);        // 給予 stud2 物件初值
33       cout << "------------------------------------" << endl;
```

```
34
35      return 0;36    }
```

執行結果

```
-----------------------------------
學生學號：920101
英文成績:80
數學成績:90
總分是170分,平均是85分
-----------------------------------
學生學號：920102
英文成績:60
數學成績:70
總分是130分,平均是65分
-----------------------------------

-----------------------------------
Process exited after 0.08461 seconds with return value 0
請按任意鍵繼續 . . . ▂
```

程式解說

◆ 第 12 行：預設建構子，也可以省略。

◆ 第 13 ～ 26 行：宣告與定義建構子。

◆ 第 31 行：宣告 stud1 物件，並利用建構子給予初值。

◆ 第 32 行：宣告 stud2 物件，並利用建構子給予初值。

在此還要說明一點，因為建構子也是一種公用成員函數，當然可以使用「範圍解析運算子」(::) 來將建構子內的程式主體置於類別之外。

範例程式 **CH10_04.cpp** ▶ 以下程式範例除了定義出預設建構子內容及宣告三個參數的建構子，並將建構子的程式碼如成員函數般放在類別外實作。

```
01  #include <iostream>
02
03  using namespace std;
04
```

```
05   class Student                   // 宣告類別
06   {
07   private:                        // 私用資料成員
08       int StuID;
09       float Score_E,Score_M,Score_T,Score_A;
10   public:                         // 公用資料成員
11       Student();                  // 宣告預設建構子
12       Student(int id,float E,float M);   // 宣告三個參數的建構子
13       void show_data();           // 宣告成員函數的原型
14   };
15   Student::Student()              // 建構子設定資料成員的初始值於 Student 類別之外
16   {
17       StuID = 920101;
18       Score_E = 60;
19       Score_M = 80;
20   }
21   Student::Student(int id,float E,float M)              // 使用參數設定初始值
22   {
23       StuID=id;                   // 指定 StuID= 參數 id
24       Score_E=E;                  // 指定 Score_E= 參數 E
25       Score_M=M;                  // 指定 Score_M= 參數 M
26   }
27   void Student::show_data() // 實作 show_data 函數
28   {
29       Score_T = Score_E + Score_M;
30       Score_A = (Score_E + Score_M)/2;
31       cout << "====================" << endl;
32       cout << " 學生學號：" << StuID << "" << endl;
33       cout << "總分是 " << Score_T << " 分 , 平均是 " << Score_A << " 分 " << endl;
34   }
35   int main()
36   {
37       Student stud;               // 宣告 Student 類別的物件 , 此時會呼叫無參數的建構子
38       stud.show_data();           // 呼叫 show_data 成員函數
39       Student stud1(920102,30,40);
         // 宣告 Student 類別的物件 , 此時會呼叫三個參數的建構子
40       stud1.show_data();          // 呼叫 show_data 成員函數
41
42
43       return 0;
44   }
```

執行結果

```
===================
學生學號:920101
總分是140分,平均是70分
===================
學生學號:920102
總分是70分,平均是35分

------------------------------------
Process exited after 0.09596 seconds with return value 0
請按任意鍵繼續 . . . ▄
```

程式解說

◆ 第 11 行:宣告預設建構子。

◆ 第 12 行:宣告三個參數的建構子。

◆ 第 15 ～ 26 行:利用範圍解析運算子,將建構子定義在類別之外。

◆ 第 37 行:宣告 Student 類別的物件,此時會呼叫預設建構子。

◆ 第 39 行:宣告 Student 類別的物件,此時會呼叫三個參數的建構子。

10-2-2 建構子多載

事實上,建構子也具備了多載功能。利用建構子中不同參數或型態來執行相對應的不同建構子。

範例程式 **CH10_05.cpp** ▶ 以下程式範例中將實作與示範建構子多載功能。這個程式很簡單,主要是讓各位體會如何運用建構子多載功能!

```cpp
01  #include <iostream>
02
03  using namespace std;
04
05  class MyClass // 定義一個 Class,名稱為 MyClass
```

```
06  {
07  public:             // 存取層級為 public ( 公開 )
08      MyClass()
09      {
10          cout<<" 無任何參數傳入的建構子 "<<endl;
11      }
12
13      MyClass(int a)
14      {
15          cout<<" 傳入一個參數值的建構子 "<<endl;
16          cout<<"a="<<a<<endl;
17      }
18
19      MyClass(int a,int b)
20      {
21          cout<<" 傳入二個參數值的建構子 \n";
22          cout<<"a="<<a<<" b="<<b<<endl;
23      }
24
25  private:
26      //MyClass(){} 若重複定義，編譯時將產生錯誤
27  };
28
29  int main()
30  {
31      int a,b;
32      // 以指標型態的類別物件
33      a=100,b=88;
34      MyClass myClass1;
35      cout<<"-----------------------------------"<<endl;
36      MyClass MyClass2(a);
37      cout<<"-----------------------------------"<<endl;
38      MyClass MyClass3(a,b);
39      cout<<"-----------------------------------"<<endl;
40
41      return 0;
42  }
```

執行結果

```
無任何參數傳入的建構子
--------------------------------------
傳入一個參數值的建構子
a=100
--------------------------------------
傳入二個參數值的建構子
a=100 b=88
--------------------------------------

--------------------------------------
Process exited after 0.0784 seconds with return value 0
請按任意鍵繼續 . . .
```

程式解說

◆ 第 8 ～ 11 行：無任何參數傳入的建構子。

◆ 第 13 ～ 17 行：傳入一個參數值的建構子。

◆ 第 19 ～ 23 行：傳入二個參數值的建構子。

10-2-3 解構子

當物件被建立時，會於建構子內動態配置了若干記憶空間，當程式結束或物件被釋放時，該動態配置所產生的記憶空間，並不會自動釋放，這時必須經由解構子來做記憶體釋放的動作。

「解構子」所做的事情剛好和建構子相反，它的功能是在物件生命週期結束後，於記憶體中執行清除與釋放物件的動作。它的名稱一樣必須與類別名稱相同，但前面則必須加上「~」符號，並且不能有任何引數列。宣告語法如下：

```
~ 類別名稱 ()
{
    // 程式主體
}
```

解構子具備以下四點特性，宣告方式則和成員函數類似，如下所示：

① 解構子不可以多載（overload），一個類別只能有一個解構子。

② 解構子的第一個字必須是 ~，其餘則與該類別的名稱相同。

③ 解構子不含任何參數也不能回傳值。

④ 當物件的生命期結束時，或是我們以 delete 敘述將 new 敘述配置的物件釋放時，編譯器就會自動呼叫解構子。在程式區塊結束前，所有在區塊中曾經宣告的物件，都會依照先建構者後解構的順序執行。

範例程式 CH10_06.cpp ▶ 以下程式範例是說明解構子的宣告與使用過程，特別是解構子如同建構子，宣告名稱皆為 class 名稱，但是解構子必須於名稱前加上「~」，且解構子無法多載及傳入參數。

```
01   #include <iostream>
02
03   using namespace std;
04
05   class testN         // 宣告類別
06   {
07       int no[20];
08       int i;
09   public:
10       testN()         // 建構子宣告
11       {
12           int i;
13           for(i=0;i<10;i++)
14               no[i]=i;
15           cout << " 建構子執行完成 ." << endl;
16       }
17       ~testN()         // 解構子宣告
18       {
19           cout << " 解構子被呼叫 .\n 顯示陣列內容：";
20           for(i=0;i<10;i++)
21               cout << no[i] << " ";
22           cout <<" 解構子已執行完成 ." << endl;
23       }
24   };
25
```

```
26   int show_result()
27   {
28       testN test1;    // 物件離開程式區塊前，會自動呼叫解構子
29       return 0;
30   }
31
32   int main()
33   {
34       show_result(); // 呼叫有 testN 類別物件的函數
35
36       return 0;
37   }
```

執行結果

```
建構子執行完成.
解構子被呼叫.
顯示陣列內容：0 1 2 3 4 5 6 7 8 9 解構子已執行完成.
------------------------------------
Process exited after 0.07941 seconds with return value 0
請按任意鍵繼續 . . .
```

程式解說

◆ 第 10 ～ 16 行：建構子宣告。

◆ 第 17 ～ 23 行：解構子宣告。

◆ 第 28 行：物件離開程式區塊前，會自動呼叫解構子。

◆ 第 34 行：呼叫有 testN 類別物件的函數。

10-2-4 建立指標物件

由於 C++ 中也支援動態記憶體管理，因此除了一般的物件建立方式，可以使用 new 和 delete 指令來做指標物件建立與釋放工作。利用 new 來建立物件的語法如下：

```
類別名稱 *  物件指標名稱  =  new 類別名稱;
```

　　例如：

```
class Man
{
    // 類別定義
};
void main()
{
    Man* m = new Man;
}
```

　　上述程式利用 new 的關鍵字，來分配一塊和 Man 類別大小相同的記憶體，並且呼叫類別的建構子，然後進行類別成員初始化的動作，如果記憶體配置成功就會傳回指向這塊記憶體起始位址的指標，這時的 m 是一個 Man 型態的指標；如果記憶體配置失敗，那麼 m 的內容是 NULL。

　　當使用這種方式來建立物件時，物件並不會在生命週期結束時自動釋放掉，而會一直儲存在記憶體中，這時就必須使用 delete 關鍵字來做物件釋放的工作。語法如下：

```
delete 物件指標名稱;
```

範例程式 CH10_07.cpp ▶ 以下程式範例利用類別型態所宣告的指標物件來讓使用者輸入學號、數學成績以及英文成績之後，並示範存取指標物件中資料成員與成員函數的方式。各位可以發現使用一般方式所建立的物件會於物件的生命週期結束時會做物件清除與釋放的工作，而使用 **new** 所建立的物件則不會，必須再借重 **delete** 指令。

```
01   #include <iostream>
02
03   using namespace std;
04   class Student              // 宣告 Student 類別
```

```
05  {
06  private:                  // 宣告私用資料成員
07      char StuID[8];
08      float Score_E,Score_M,Score_T,Score_A;
09  public:                   // 公用資料成員
10
11      Student(){ cout<<"%%%% 執行建構子 %%%%"<<endl; }
12      ~Student(){ cout<<"#### 執行解構子 ####"<<endl; }
13
14      void input_data()     // 宣告成員函數
15      {
16          cout << "** 請輸入學號及各科成績 **" << endl;
17          cout << " 學號：";
18          cin >> StuID;
19      }
20      void show_data()      // 宣告成員函數
21      {
22          cout << " 輸入英文成績："; // 實作 input_data 函數
23          cin >> Score_E;
24          cout << " 輸入數學成績：";
25          cin >> Score_M;
26          Score_T = Score_E + Score_M;
27          Score_A = (Score_E + Score_M)/2;
28          cout << "==============================" << endl;
            // 實作 show_data 函數
29          cout << " 學生學號:" << StuID << "" << endl;
30          cout << " 總分是 " << Score_T << " 分, 平均是 " << Score_A << " 分 " << endl;
31          cout << "==============================" << endl;
32      }
33  };
34  int main()
35  {
36      Student *stud1=new Student;   // 宣告 Student 類別的指標物件，並呼叫建構子
37      stud1->input_data();          // 呼叫 input_data 成員函數
38      stud1->show_data();
39      // 呼叫 input_data 成員函數
40      delete stud1;// 呼叫解構子
41
42      return 0;
43  }
```

執行結果

```
×××× 執行建構子 ××××
**請輸入學號及各科成績**
學號：980001
輸入英文成績：89
輸入數學成績：95
================================
學生學號：980001
總分是184分.平均是92分
================================
#### 執行解構子 ####

--------------------------------
Process exited after 22.78 seconds with return value 0
請按任意鍵繼續 . . . ■
```

程式解說

◆ 第 11 行：建構子的定義。

◆ 第 12 行：解構子的定義。

◆ 第 36 ～ 39 行：宣告一個 stud1 指標物件，並透過 stud1->input_data() 與 stud1.show->data() 成員函數來存取 Student 類別內的私有資料成員。

◆ 第 40 行：呼叫解構子。

課後評量

1. 在類別中，「間接運算子」與「直接運算子」的符號分別為何？並說明其差異處。

2. 試說明預設建構子與一般建構子的不同。

3. 請試著定義一個類別，類別中必須包含建構子及解構子。

4. 請設計一類別的解構子使用 new 指令配置 10 個元素記憶體空間，並指定其值，並在解構子中釋放此記憶體空間。

5. 試簡述物件導向程式設計（OOP）的特色。

6. 試說明 C++ 的類別與結構型態不同之處。

7. 何謂資料成員（Data Member）？

8. 類別存取層級關鍵字可區分為以下哪三種？試簡述之。

9. 範圍解析運算子（::）的功用為何？

10. 下列程式碼有何錯誤，請指證出來並加以修改，使程式碼能編譯通過。

```
01   #include <iostream>
02   class ClassA
03   {
04       int x;
05       int y;
06   };
07   int main(void)
08   {
09       ClassA formula;
10       formula.x=10;
11       formula.y=20;
12       cout<<"formula.x = "<<formula.x<<endl;
13       cout<<"formula.y = "<<formula.y<<endl;
14       return 0;
15   }
```

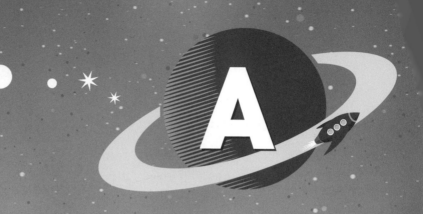

C++ 的常用函數庫

程式設計者除了可以依照個人需求自行設計所須的函數外，其實在 ANSI C++ 的標準函數庫中已經提供許多設計好的常用函數，各位只要將此函數宣告的標頭檔含括（#include）進來，即可方便的使用這些函數。

雖然本書前面內容已討論過部份函數的使用，為了方便讀者於閱讀本書時查詢之用，在本附錄中仍然會加以列出。

A-1 字元處理函數

在 C++ 的標頭檔 <cctype.h> 中，提供了許多針對字元處理的函數。下表是字元處理函數的相關說明：

函數原型	說明
int isalpha(int c)	如果 c 是一個英文字母字元則傳回 1(True)，否則傳回 0(False)。
int isdigit(int c)	如果 c 是一個數字字元則傳回 1(True)，否則傳回 0(False)。
int isspace(int c)	如果 c 是空白字元則傳回 1(True)，否則傳回 0(False)。
int isalnum(int c)	如果 c 是英文字母或數字字元則傳回 1(True)，否則傳回 0(False)。
int iscntrl(int c)	如果 c 是控制字元則傳回 1(True)，否則傳回 0(False)。
int isprint(int c)	如果 c 是一個可以列印的字元則傳回 1(True)，否則傳回 0(False)。
int isgraph(int c)	如果 c 不是空白的可列印字元則傳回 1(True)，否則傳回 0(False)。
int ispunct(int c)	如果 c 是空白、英文或數字字元以外的可列印字元則傳回 1(True)，否則傳回 0(False)
int islower(int c)	如果 c 是一個小寫的英文字母則傳回 1(True)，否則傳回 0(False)
int isupper(int c)	如果 c 是一個大寫的英文字母則傳回 1(True)，否則傳回 0(False)。
int isxdigit(int c)	如果 c 是一個 16 進位數字則傳回 1(True)，否則傳回 0(False)。
Int toascii(int c)	將 c 轉為有效的 ASCII 字元。
int tolower(int c)	如果 c 是一個大寫的英文字母則傳回小寫字母，否則直接傳回 c。
int toupper(int c)	如果 c 是一個小寫的英文字母則傳回大寫字母，否則直接傳回 c。

以下程式範例是利用標頭檔 <cctype> 中的字元處理函數來判斷所輸入的字元是英文字母、數字或其它符號。

範例程式 **A_1.cpp** ▶ 字元處理函數的說明與應用。

```cpp
01  #include<iostream>
02  #include<cctype>// 引用字元處理函數表頭檔
03
04  using namespace std;
05
06  int main()
07  {
08      char ch1;
09
10      cout<<" 請輸入任一字元 ";
11      cout<<"( 輸入空白鍵為結束 ):";
12      // 讀取字元
13      cin.get(ch1);
14      cout<<endl;
15      // 字母部分
16      if(isalpha(ch1))
17      {
18          cout<<ch1<<" 字元為字母 "<<endl;
19          if(islower(ch1))
20              cout<<" 將字母轉成大寫 :"<<(char)toupper(ch1)<<endl;
21          else
22              cout<<" 將字母轉成小寫 :"<<(char)tolower(ch1)<<endl;
23      }
24      // 數字部分
25      else if(isdigit(ch1))
26      {
27          cout<<ch1<<" 字元為數字 "<<endl;
28      }
29      // 其他符號部分
30      else if(ispunct(ch1))
31          cout<<ch1<<" 字元為符號 "<<endl;
32
33      return 0;
34  }
```

執行結果

```
請輸入任一字元<輸入空白鍵為結束>:j

j字元為字母
將字母轉成大寫:J
----------------------------------
Process exited after 3.855 seconds with return value 0
請按任意鍵繼續 . . . ▄
```

程式解說

- ◆ 第 16 ～ 23 行：判斷輸入的字元是否為字母，如果是小寫字母則轉換為大寫字母，大寫字母則轉為小寫字母。

- ◆ 第 25 行：判斷輸入的字元是否為數字。

- ◆ 第 30 行：判斷輸入的字元是否為符號部分，不過 ispunct() 函數中的符號不包括空白。

A-2 字串處理函數

在 C++ 中也提供了相當多的字串處理函數，只要含括 <cstring.h> 標頭檔，就可以輕易使用這些方便的函數。下表為為各位整理出常用的字串函數：

函數原型	說明
size_t strlen(const char *str)	傳回字串 str 的長度。
char *strcpy(char *str1, char *str2)	將 str2 字串複製到 str1 字串，並傳回 str1 位址。
char *strncpy(char *d, char *s, int n)	複製 str2 字串的前 n 個字元到 str1 字串，並傳回 str1 位址。

函數原型	說明
char *strcat(char *str1, char *str2)	將 str2 字串連結到字串 str1，並傳回 str1 位址。
char *strncat(char *str1, char *str2,int n)	連結 str2 字串的前 n 個字元到 str1 字串，並傳回 str1 位址。
int strcmp(char *str1, char *str2)	比較 str1 字串與 str2 字串。 如果 str1 > str2，傳回正值 　　str1 == str2，傳回 0 　　str1 < str2，傳回負值
int strncmp(char *str1, char *str2, int n)	比較 str1 字串與 str2 字串的前 n 個字元。 如果 str1 > str2，傳回正值 　　str1 == str2，傳回 0 　　str1 < str2，傳回負值。
char *strchr(char *str, char c)	搜尋字元 c 在 str 字串中第一次出現的位置，如果有找到則傳回該位置的位址，沒有找到則傳回 NULL。
char *strrchr(char *str, char c)	搜尋字元 c 在 str 字串中最後一次出現的位置，如果有找到則傳回該位置的位址，沒有找到則傳回 NULL。
char *strstr(const char *str1,const char *str2)	搜尋 str2 字串在 str1 字串中第一次出現的位置，如果有找到則傳回該位置的位址，沒有找到則傳回 NULL。
char *strcspn(const char *str1, const char *str2)	除了空白字元外，搜尋 str2 字串在 str1 字串中第一次出現的位置，如果有找到則傳回該位置的位址。
char *strpbrk(const char *str1, const char *str2)	搜尋 str2 字串中的非空白字元在 str1 字串中第一次出現的位置。
char *strlwr(char *str)	將字串中的大寫字元全部轉換成小寫。
char *strupr(char *str)	將字串中的小寫字元全部轉換成大寫。
char *strrev(char *str)	將字串中的字元前後順序顛倒。
char *strset(char *string,int c)	將字串中的每個字元都設值為所指定的字元。

　　以下程式範例是利用標頭檔 **<cstring>** 中的各種字串處理函數來判斷所輸入字串大小，並列印比較結果。

範例程式 **A_2.cpp** ▶ 字串處理函數的實作與應用。

```cpp
01  #include <iostream>
02  #include <cstring>
03
04  using namespace std;
05
06  int main()
07  {
08      char Work_Str[80];    // 定義字元陣列 Work_Str[80]
09      char Str_1[40];       // 定義字元陣列 Str_1[40]
10      char Str_2[40];       // 定義字元陣列 Str_2[40]
11
12      cout<<" 比較下列 2 個字串 :"<<endl;
13      cout<<" 請輸入第一個字串 :"<<endl;
14      cin>>Str_1;
15      cout<<"Str_1="<<Str_1<<endl;
16      cout<<" 請輸入第二個字串 :"<<endl;
17      cin>>Str_2;
18      cout<<"Str_2="<<Str_2<<endl;
19      cout<<endl;      // 換行
20
21      // 比較字串的大小
22      if ( strcmp(Str_1, Str_2) )      // 使用 strcmp() 函式比較字串
23          if ( strcmp(Str_1, Str_2) > 0 ) //Str_1 字串 > Str_2 字串
24          {
25              strcpy(Work_Str, Str_1);
26              strcat(Work_Str, " > ");      // 連結 ">" 符號
27              strcat(Work_Str, Str_2);
28          }
29          else                          //Str_1 字串 < Str_2 字串
30          {
31              strcpy(Work_Str, Str_1);
32              strcat(Work_Str, " < ");      // 連結 "<" 符號
33              strcat(Work_Str, Str_2);
34          }
35      else                              //Str_1 字串 = Str_2 字串
36          {
37              strcpy(Work_Str, Str_1);
38              strcat(Work_Str, " = ");      // 連結 "=" 符號
```

```
39              strcat(Work_Str, Str_2);
40          }
41
42      cout<<" 比較的結果 :"<<Work_Str;
43                                          // 顯示結果
44
45      cout<<endl;          // 換行
46
47
48      return 0;
49  }
```

執行結果

```
比較下列2個字串:
請輸入第一個字串:
happy
Str_1=happy
請輸入第二個字串:
Happy
Str_2=Happy

比較的結果:happy > Happy

------------------------------------
Process exited after 18.92 seconds with return value 0
請按任意鍵繼續 . . .
```

程式解說

◆ 第 22 行：使用 strcmp() 函數比較字串。

◆ 第 42 行：將字串列印出來。

A-3 型態轉換函數

在 <cstdlib> 標頭檔中，也提供了各種數字相關資料型態的函數。不過使用這些函數的條件，必需是由數字字元所組成的字串，如果輸入字串不是由數字字元組成，則輸出結果將會是數字型態的 0。底下表格列出標準函數庫中的字串轉換函數：

函數原型	說明
double atof(const char *str)	把字串 str 轉為倍精準浮點數 (double float) 數值。
int atoi(const char *str)	把字串 str 轉為整數 (int) 數值。
long atol(const char *str)	把字串 str 轉為長整數 (long int) 數值。
char itoa(int num,char *str,int radix)	將整數轉換為以數字 radix 為底的字串。
char ltoa(int num,char *str,int radix)	將長整數轉換為以數字 radix 為底的字串。

範例程式 **A_3.cpp** ▶ 型態轉換函數的實作與應用。

```
01   #include <iostream>
02   #include<cstdlib>
03   using namespace std;
04
05   int main()
06   {
07       char Read_Str[20]; // 定義字元陣列 Read_Str[20]
08       double d,cubic;
09
10       cout<<" 請輸入打算轉換成實數的字串 :";
11       cin>>Read_Str;   // 讀取字串
12       d=atof(Read_Str); //atof() 函式數輸出
13       cubic=d*d*d;
14       cout<<d<<" 的立方值 ="<<cubic<<endl;
15
16
17       return 0;
18   }
```

執行結果

```
請輸入打算轉換成實數的字串:8.3
8.3的立方值=571.787

-----------------------------------
Process exited after 3.807 seconds with return value 0
請按任意鍵繼續 . . .
```

程式解說

◆ 第 7 行：定義字元陣列 Read_Str[20]。

◆ 第 12 行：atof() 函數數轉換，並輸出實數。

A-4 時間及日期函數

　　C++ 中也所提供了與時間日期相關的函數，定義於 ctime 標頭檔中，包含了顯示與設定系統目前的時間、程式處理時間函數、計算時間差等等。下表為各位於程式設計時，較常會使用到的時間及日期函數說明：

函數原型	說明
time_t time(time_t *systime)；	傳回系統目前的時間，而 time_t 為 time.h 中所定義的時間資料型態，是以長整數型態表示。time() 會回應從 1970 年 1 月 1 日 00:00:00 到目前時間所經過的秒數。如果沒有指定 time_t 型態，就使用 NULL，表示傳回系統時間。不過如果想這個長整數轉換為時間格式，必須利用其它的轉換函數。
char *ctime(const time_t *systime)；	將 t_time 長整數轉換為字串，以我們可了解的時間型式表現。

函數原型	說明
struct tm *localtime(const time_t *timer);	取得當地時間，並傳回 tm 結構，而 tm 為 time.h 中所定義的結構型態，包含年、月、日等資訊。
char* asctime(const struct tm *tblock);	傳入 tm 結構指標，將結構成員以我們可了解的時間型式呈現。
struct tm *gmtime(const time_t *timer);	取得格林威治時間，並傳回 tm 結構。
clock_t clock(void)；	取得程式從開始執行到此函數，所經過的時脈數。clock_t 型態定義於 time.h 中，為一長整數，另外也定義了 CLK_TCK 來表示每秒的滴答數，所以經過秒數必須將 clock() 函數值 /CLK_TCK。
double difftime(time_t t2,time_t t1)	傳回 t2 與 t1 的時間差距，單位為秒。

以下這個程式範例將分別利用 time() 函數、localtime() 函示式來取得目前系統時間，並透過 ctime() 與 asctime() 函數轉換為日常通用的時間格式。

範例程式 **A_4.cpp** ▶ **time() 函數、localtime() 函數的說明與應用。**

```
01   #include <iostream>
02   #include <cstdlib>
03   #include <ctime>
04   using namespace std;
05
06   int main()
07   {
08       time_t now;
09       struct tm *local,*gmt;// 宣告 local 結構變數
10       now = time(NULL);// 取得系統目前時間
11
12       cout<<now<<" 秒 "<<endl;
13       cout<<" 現在時間 :ctime():"<<ctime(&now)<<endl;// 轉為一般時間格式
14       local = localtime(&now);
15       cout<<" 本地時間 :asctime():"<<asctime(local)<<endl;// 轉為一般時間格式
16       gmt = gmtime(&now);// 取得格林威治時間
17       cout<<" 格林威治時間："<<asctime(gmt)<<endl;
18
19
20       return 0;
21   }
```

執行結果

```
1528700592秒
現在時間:ctime():Mon Jun 11 15:03:12 2018

本地時間:asctime():Mon Jun 11 15:03:12 2018

格林威治時間：Mon Jun 11 07:03:12 2018

------------------------------------
Process exited after 0.09966 seconds with return value 0
請按任意鍵繼續 . . .
```

程式解說

◆ 第 9 行：宣告 local 結構變數。

◆ 第 10 行：取得系統目前時間。

◆ 第 13、15 行：轉為一般時間格式。

◆ 第 16 行：取得格林威治時間。

A-5 數學函數

數學函數定義在 <cmath> 表頭檔裡，包括有三角函數、雙曲線函數、指數與對數函數和一些數學計算上的基本函數。各位可以利用這些函數作為基礎，組合出各種複雜的數學公式。下表為各位介紹於程式設計時，較常會使用到相關函數說明：

函數原型	說明
double sin(double 弧度);	弧度 (radian)= 角度 *π/180，而回傳值則為正弦值。
double cos(double 弧度);	傳遞的參數為弧度，而回傳值則為餘弦值。
double tan(double 弧度);	傳遞的參數為弧度，而回傳值則為正切值。

函數原型	說明
double asin(double 正弦值)；	傳遞的參數為必須介於 -1 ～ 1，而回傳值則為反正弦值。
double acos(double 餘弦值)；	傳遞的參數為必須介於 -1 ～ 1，而回傳值則為反餘弦值。
double atan(double 正切值)	回傳值為反正切值。
double sinh(double 弳度)；	弳度 (radian)= 角度 * π/180，而回傳值則為雙曲線的正弦值。
double cosh(double 弳度)；	傳遞的參數為弳度，而回傳值則為雙曲線的餘弦值。
double tanh(double 弳度)；	傳遞的參數為弳度，而回傳值則為雙曲線的正切值。
double exp(double x)；	傳遞一個實數為參數，計算後傳回 e 的次方值。
double log(double x)；	傳遞正數 (大於零) 為參數，計算後傳回該數的自然對數。
double log10(double x)；	傳遞正數為參數，計算後傳回該數以 10 為底的自然對數。
int abs(int n);	求取整數的絕對值。
int labs(int n);	求取長整數的絕對值。
double pow(double x,double y)；	傳回底數 x 的 y 次方，其中當 x<0 且 y 不是整數，或 x 為 0 且 y<=0 時，會發生錯誤。
double sqrt(double x)；	傳回 x 的平方根，x 不可小於 0。
double fmod(double x,double y);	計算 x/y 的餘數，其中 x,y 皆為 double 型態。
double fabs(double number)；	傳回 number 數值的絕對值。
double ceil(double number)；	傳回不小於 number 數值的最小整數，相當於無條件進入法。
double floor(double number)；	傳回不大於 number 數值的最大整數，相當於無條件捨去法。

範例程式 A_5.cpp ▶ 三角函數與雙曲線函數的輸出說明與應用。

```
01   #include <iostream>
02   #include <cstdlib>
03   #include <cmath>// 引用 cmath 頭檔
04   using namespace std;
05
06   int main()
07   {
08       double rad;
09       double deg;
10       double pi=3.14159;
```

```
11      cout<<" 請輸入角度 :";
12      cin>>deg;
13      rad=deg*pi/180;// 將角度轉換成徑度
14      // 輸出結果
15      cout<<"sin("<<deg<<" 度 )="<<sin(rad)<<endl;
16      cout<<"cos("<<deg<<" 度 )="<<cos(rad)<<endl;
17      cout<<"tan("<<deg<<" 度 )="<<tan(rad)<<endl;
18      // 雙曲線部分
19      cout<<" 雙曲線的 sin("<<deg<<" 度 )="<<sinh(rad)<<endl;
20      cout<<" 雙曲線的 cos("<<deg<<" 度 )="<<cosh(rad)<<endl;
21      cout<<" 雙曲線的 tan("<<deg<<" 度 )="<<tanh(rad)<<endl;
22
23
24      return 0;
25  }
```

執行結果

```
請輸入角度:45
sin(45度)=0.707106
cos(45度)=0.707107
tan(45度)=0.999999
雙曲線的sin(45度)=0.86867
雙曲線的cos(45度)=1.32461
雙曲線的tan(45度)=0.655794

------------------------------------
Process exited after 5.334 seconds with return value 0
請按任意鍵繼續 . . .
```

程式解說

◆ 第 13 行：將輸入的角度轉換為弳度，因為所要應用的三角函數和雙曲線
   函數的參數是以弳度來傳遞。

◆ 第 15 ～ 17 行：三角函數的輸出。

◆ 第 19 ～ 21 行：雙曲線函數的輸出。

A-6 亂數函數

亂數函數定義於 <cstdlib> 的表頭檔中，其功能是能隨機產生數字提供程式做應用，像是猜數字遊戲、猜拳遊戲或是其它與機率相關的遊戲程式需要使用到亂數函數。亂數函數的應用相當廣泛，下表為各位於程式設計時，較常會使用到的亂數函數說明：

函數原型	說明
int rand(void)；	產生的亂數基本上是介於 0~RAND_MAX 之間的整數。
void srand(unsigned seed)；	設定亂數種子來初始化 rand() 的起始點產生亂數的函數，範圍一樣介於 0~RAND_MAX 之間的整數。
#define random(num) (rand() % (num))	為一巨集展開，可以產生 0 ～ num 之間的亂數。

請注意喔！以上 rand() 函數又稱為「假隨機亂數」，因為它是根據固定的亂數公式產生亂數，當重複執行一個程式時，它的起始點都相同，所以產生的亂數都相同，也就是程式執行一次或 100 次都只有一組的亂數碼。因為 rand() 函數所產生的亂數，是介於 0~RAND_MAX 之間的整數，其中的 RAND_MAX 也是定義於 <stdlib.h> 表頭檔中，最大值在標準 ANSI C 中為 32767。請各位試著執行以下程式範例的輸出結果兩次，會發現兩次 rand() 函數所產生的亂數都相同。

範例程式 **A_6.cpp** ▶ **rand() 函數的使用說明與應用。**

```cpp
01   #include<iostream>
02   #include<cstdlib> // 引入亂數函數的標頭檔
03   using namespace std;
04
05   int main()
06   {
```

```
07      int i;
08      cout<<"===rand() 亂數函數 ==="<<endl;
09      cout<<" 產生的亂數 :"<<endl;
10      for(i=0; i<5; i++)
11      {
12              cout<<rand()<<"   ";
13      }
14      cout<<endl;
15
16      return 0;
17  }
```

執行結果

```
===rand()亂數函數===
產生的亂數:
41   18467   6334   26500   19169

-----------------------------------
Process exited after 0.07752 seconds with return value 0
請按任意鍵繼續 . . .
```

程式解說

◆ 第 2 行：引入亂數函數的標頭檔。

◆ 第 12 行：產生亂數。

　　由於 rand() 函數的傳回值是藉由亂數公式所產生，因此每次重新產生亂數的起點都相同，如果可以隨機設定亂數的起點，每次所得到的亂數順序就不會相同，這個起點我們稱為「亂數種子」。

　　至於 srand() 函數則可以使用亂數種子 (seed) 當作起始點，只要改變亂數種子，每次執行程式的亂數都會不同。通常亂數種子可以藉由時間函數取得系統時間來設定，因為時間是隨時在變動，所以利用時間當作亂數種子，可以讓亂數的分佈十分均勻。現在也請各位試著執行以下程式範例的輸出結果兩次，會發現兩次 srand() 函數所產生的亂數都不會相同。

範例程式 **A_7.cpp** ▶ **srand()** 函數的使用說明與應用。

```
01   #include<iostream>
02   #include<cstdlib>// 引入亂數函式的表頭檔
03   #include<ctime>// 引入時間函式的表頭檔
04   using namespace std;
05
06   int main()
07   {
08       int i;
09       long int seed;
10       cout<<"===srand() 亂數函數 ==="<<endl;
11       cout<<" 產生的亂數 :"<<endl;
12
13       seed=time(NULL);// 以系統時間當作亂數種子
14       srand(seed);
15
16       for(i=0; i<5; i++)
17       {
18           cout<<rand()<<" ";
19       }
20       cout<<endl;
21
22
23       return 0;
24   }
```

執行結果

```
===srand<>亂數函數===
產生的亂數:
19496 13994 21998 21686 6101

------------------------------------
Process exited after 0.06912 seconds with return value 0
請按任意鍵繼續 . . .
```

程式解說

◆ 第 2 行：引入亂數函數的標頭檔。

◆ 第 13 行：以系統時間當作亂數種子。

◆ 第 14 行：產生亂數。

用 Visual Studio Code 寫 C++

　　除了 DEV C++ 之外，這裡還要介紹另一種微軟提供的免費輕量級，頗受歡迎的整合開發環境 Visual Studio Code（簡稱 VS Code），但要在 VS Code 要執行程式，除了要下載及安裝 VS Code，還要安裝編譯或直譯的 extension（或可稱為擴充套件），就以「Code Runner」擴充套件為例，它是一種通用多種程式語言的 extension。本單元將示範如何利用 Visual Studio Code 來撰寫 C++ 程式，整個執行環境設定的過程大概分下列幾個重要階段：

- 下載、安裝 VS Code

- 安裝 C++ 編譯器 MinGW ，並設定環境變數，變更完畢後重新啟動

- 進入 Extension 安裝「C/C++ Extension Pack」、「C++ Intellisense」、「Code Runner」、「Chinese（Traditional Language Pack for Visual Studio Code」等擴充套件。

- 在 VS Code 新增工作區撰寫 C++ 程式

B-1　下載、安裝 VS Code

STEP 01 到微軟的官方網站下載其軟體，網址「https://visualstudio.microsoft.com/zh-hant/」，瀏覽器開啟微軟的官方網站之後，找到 VS Code，進行下載，點選 Windows x64 使用者安裝程式進行下載。

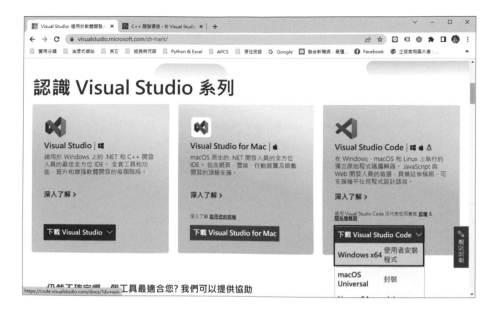

STEP 02 接著滑鼠雙擊所下載的安裝程式準備安裝。選取「我同意」，再按「下一步」鈕。

STEP 03 安裝軟體的資料夾使用預設值,按「下一步」鈕。

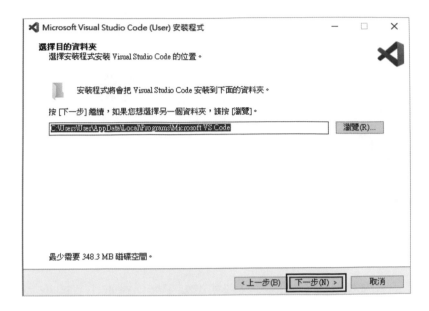

STEP 04 建立於開始功能表的軟體名稱,使用預設值,按「下一步」鈕。

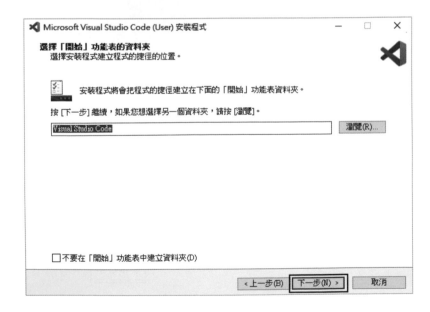

STEP 05 不做變更,直接按「下一步」鈕到下一個畫面,接著按「安裝」鈕做軟體的安裝。

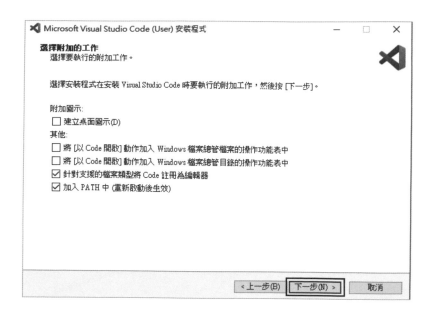

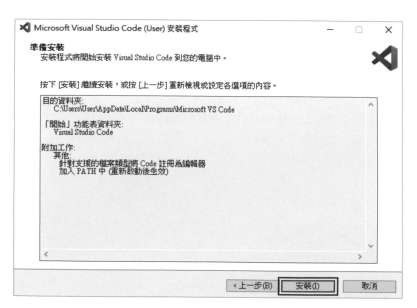

STEP 06 按「完成」鈕結束軟體的安裝。

B-2 安裝 C++ 編譯器 MinGW

STEP 01 首先請到 https://sourceforge.net/projects/mingw/files/ 下載 MinGW。

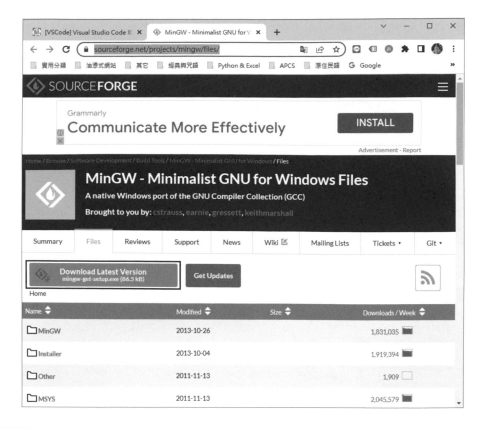

STEP 02 安裝完後會跳出視窗選擇要安裝的套件,這裡選擇 base 和 g++,選好後點左上角的 Installation 選 Apply Change 開始安裝。

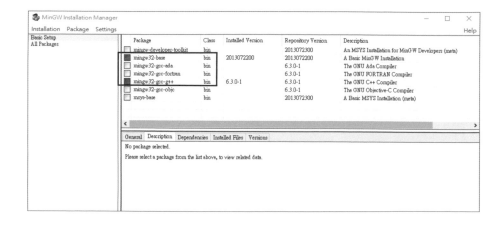

STEP 03 安裝完後要將 MinGW 的安裝路徑 C:\MinGW\bin 加入系統環境變數。
請在「我的電腦」按右鍵執行「內容」指令：

STEP 04 再按「進階系統設定」

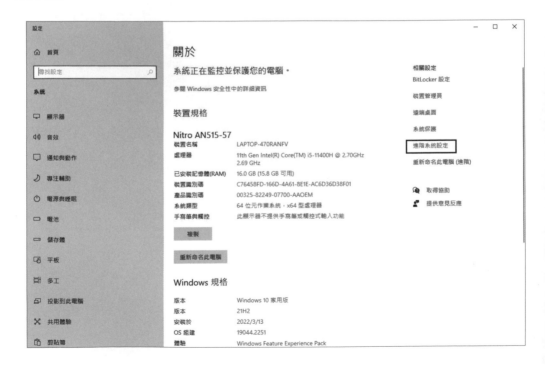

STEP 05 接著在「進階」索引標籤按下「環境變數」鈕：

選「系統變數」的 Path，
再按下「編輯」鈕

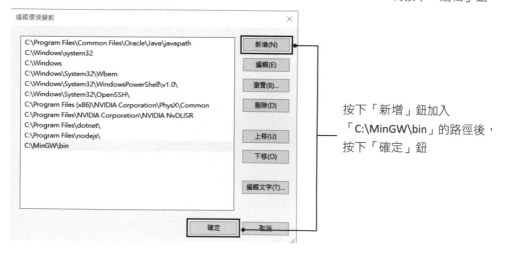

按下「新增」鈕加入
「C:\MinGW\bin」的路徑後，
按下「確定」鈕

B-3 安裝擴充套件

要安裝擴充套件可以先在搜尋框輸入關鍵字，例如輸入「code runner」，可以進行「Code Runner」的安裝工作。

在此處輸入要搜尋套件的關鍵字，例如「code runner」

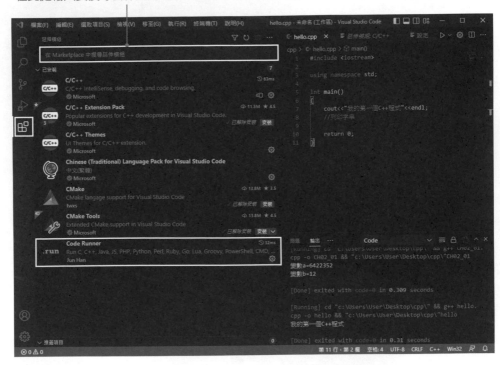

除了 Code Runner 擴充套件外，各位也必須安裝「C/C++ Extension Pack」擴充套件，建議各位也可以安裝「Chinese（Traditional Language Pack for Visual Studio Code」套件，上圖為筆者安裝擴充套件的畫面，供各位作為參考。

B-4　在 VS Code 新增工作區撰寫 C++ 程式

接著我們就開始練習在 VS Code 撰寫第一支程式，完整的操作步驟示範如下：

STEP 01　要開始撰寫程式，請先在某個位置建立一個空白資料夾，例如在桌面（或 D 槽硬碟）一個「cpp」資料夾來作為 VS Code 的工作區。

STEP 02　接著執行「檔案 / 將資料夾新增至工作區」指令，進入其交談窗。

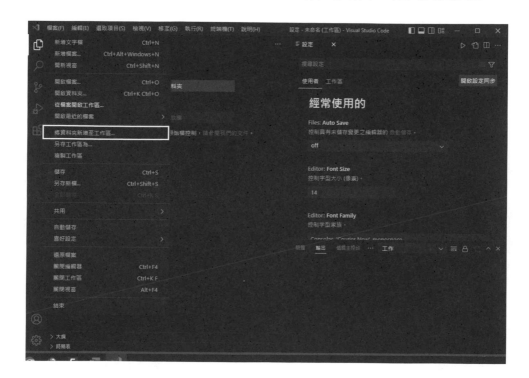

STEP 03 選取已事先建好的資料夾「**cpp**」，按「新增」鈕來完成工作區的設定。

STEP 04 完成工作區的設定之後，再按「新增檔案」圖示鈕：

STEP 05 接著輸入新增檔案的名稱,例如:「hello.cpp」(給完整檔名)。

STEP 06 建立「hello.cpp」檔案之後,會在視窗右側開啟程式碼編輯區。

STEP 07　輸入如下的程式，記得要存檔。

```cpp
#include <iostream>

using namespace std;

int main()
{
    cout<<" 我的第一個 C++ 程式 "<<endl;
    // 列印字串

    return 0;
}
```

STEP 08　接著按下三角形的「Run Code」鈕（快速鍵 Ctrl+Alt+N），執行程式若
　　　　　無錯誤，就會輸出「我的第一個 C++ 程式」。

如果安裝過程中有碰到執行的問題，建議各位可以查看底下幾個網頁也有詳細的介紹：

https://hackmd.io/@liaojason2/vscodecppwindows

http://kaiching.org/pydoing/cpp-guide/code-runner.html

https://ithelp.ithome.com.tw/articles/10190235